建筑工人（装饰装修）技能培训教程

幕墙安装工

本书编委会　编

U03391438

中国建筑工业出版社

图书在版编目（CIP）数据

幕墙安装工/《幕墙安装工》编委会编. —北京：中国建筑工业出版社，2017.4

建筑工人（装饰装修）技能培训教程

ISBN 978-7-112-20428-1

Ⅰ. ①幕… Ⅱ. ①幕… Ⅲ. ①幕墙-室外装饰-建筑安装-技术培训-教材 Ⅳ. ①TU767.5

中国版本图书馆 CIP 数据核字（2017）第 037137 号

建筑工人（装饰装修）技能培训教程

幕墙安装工

本书编委会 编

*

中国建筑工业出版社出版、发行（北京海淀三里河路 9 号）

各地新华书店、建筑书店经销

霸州市顺浩图文科技发展有限公司制版

北京圣夫亚美印刷有限公司印刷

*

开本：850×1168 毫米 1/32 印张：5⅜ 字数：144 千字

2017 年 5 月第一版 2017 年 5 月第一次印刷

定价：15.00 元

ISBN 978-7-112-20428-1

(29942)

本书包括：幕墙安装基础；建筑幕墙安装基本工艺；构件式玻璃幕墙的安装工艺；单元式玻璃幕墙的安装工艺；点支承玻璃幕墙的安装工艺；全玻璃幕墙的安装工艺；金属板幕墙的安装工艺；石材幕墙的安装工艺；幕墙安装安全生产九章内容。

　　本书依据现行国家标准、行业规范的规定，体现新材料、新设备、新工艺和新技术的推广需求，突出了实用性，重在使读者快速掌握应知、应会的施工技术和技能，可施工现场查阅；也可作为各级职业鉴定培训、工程建设施工企业技术培训、下岗职工再就业和农民工岗位培训的教材，亦可作为技工学校、职业高中、各种短训班的专业读本。

　　本书可供幕墙安装工现场查阅或上岗培训使用，也可作为现场编制施工组织设计和施工技术交底的蓝本，为工程设计及生产技术管理人员提供帮助，也可以作为大专院校相关专业师生的参考读物。

　　责任编辑：郦锁林　张　磊
　　责任设计：李志立
　　责任校对：李欣慰　焦　乐

本书编委会

主编：王景文　齐兆武

参编：贾小东　姜学成　姜宇峰　孟　健　王　彬

　　　王春武　王继红　王立春　王景怀　吴永岩

　　　魏凌志　杨天宇　于忠伟　张会宾　周丽丽

　　　祝海龙　祝教纯

前　言

　　随着社会的发展、科技的进步、人员构成的变化、产业结构的调整以及社会分工的细化，工程建设新技术、新工艺、新材料、新设备，不断应用于实际工程中，我国先后对建筑材料、建筑结构设计、建筑施工技术、建筑施工质量验收等标准进行了全面的修订，并陆续颁布实施。

　　在改革开放的新阶段，国家倡导"城镇化"的进程方兴未艾，大批的新生力量不断加入工程建设领域。目前，我国建筑业从业人员多达4100万，其中有素质、有技能的操作人员比例很低，为了全面提高技术工人的职业能力，完善自身知识结构，熟练掌握新技能，适应新形势、解决新问题，2016年10月1日实施的行业标准《建筑装饰装修职业技能标准》JGJ/T 315—2016对幕墙安装工的职业技能提出了新的目标、新的要求。

　　了解、熟悉和掌握施工材料、机具设备、施工工艺、质量标准、绿色施工以及安全生产技术，成为从业人员上岗培训或自主学习的迫切需求。活跃在施工现场一线的技术工人，有干劲、有热情、缺知识、缺技能，其专业素质、岗位技能水平的高低，直接影响工程项目的质量、工期、成本、安全等各个环节，为了使幕墙安装工能在短时间内学到并掌握所需的岗位技能，我们组织编写了本书。

　　限于学识和实践经验，加之时间仓促，书中如有疏漏、不妥之处，恳请读者批评指正。

目　录

1　幕墙安装基础 ………………………………………………… 1

1.1　建筑幕墙分类及代号 ………………………………………… 1

1.2　建筑幕墙标记方法及标记示例 ……………………………… 4

1.3　幕墙材料质量要求与检验 …………………………………… 5

　1.3.1　一般规定 ………………………………………………… 5

　1.3.2　铝合金型材 ……………………………………………… 5

　1.3.3　钢材 ……………………………………………………… 6

　1.3.4　玻璃 ……………………………………………………… 7

　1.3.5　金属板材及金属复合板材 ……………………………… 7

　1.3.6　石材和其他非金属板材 ………………………………… 11

　1.3.7　建筑密封材料 …………………………………………… 12

　1.3.8　五金件及其他配件 ……………………………………… 13

　1.3.9　其他材料 ………………………………………………… 13

2　建筑幕墙安装基本工艺 ……………………………………… 14

2.1　幕墙施工测量放线 …………………………………………… 14

　2.1.1　施工测量 ………………………………………………… 14

　2.1.2　放线要求 ………………………………………………… 15

　2.1.3　测点保护 ………………………………………………… 17

2.2　预埋件安装、检查及纠偏 …………………………………… 17

　2.2.1　预埋件安装 ……………………………………………… 17

　2.2.2　预埋件检查 ……………………………………………… 18

　2.2.3　预埋件偏差处理 ………………………………………… 20

　2.2.4　后置埋件安装 …………………………………………… 21

2.3　幕墙防腐、防火及保温 ……………………………………… 28

　2.3.1　防腐处理 ………………………………………………… 28

2.3.2 幕墙防火 ································· 29

2.3.3 幕墙保温 ································· 32

2.4 幕墙防雷 ··································· 32

2.4.1 防雷要求 ································· 32

2.4.2 防雷措施 ································· 35

2.4.3 电阻测试 ································· 36

2.5 幕墙收边收口 ······························· 37

2.5.1 女儿墙收边 ······························ 37

2.5.2 室外地面或楼顶面收边 ······················ 37

2.5.3 洞口收边 ································· 38

2.5.4 转角处节点处理 ···························· 38

2.5.5 伸缩缝部位处理 ···························· 39

2.5.6 收口处理 ································· 41

3 构件式玻璃幕墙的安装工艺 ······················ 43

3.1 构件式玻璃幕墙的分类及安装要求 ················· 43

3.1.1 构件式玻璃幕墙分类 ························· 43

3.1.2 安装要求 ································· 46

3.1.3 隐蔽工程验收项目及部位 ······················ 48

3.2 测量放线及埋件处理 ························· 48

3.2.1 测量放线 ································· 48

3.2.2 幕墙预埋件检查与处理 ······················ 48

3.3 立柱、横梁安装 ···························· 49

3.3.1 立柱安装 ································· 49

3.3.2 横梁安装 ································· 53

3.4 主要附件安装 ····························· 56

3.4.1 防腐处理 ································· 56

3.4.2 保温材料施工 ······························ 57

3.4.3 冷凝水排出管及附件 ························· 57

3.5 明框玻璃幕墙板块安装 ······················· 58

3.5.1 玻璃固定 ································· 58

  3.5.2 板块安装及调整 ·················· 59

  3.5.3 安装开启扇 ······················ 61

  3.5.4 装饰扣盖的安装 ·················· 61

3.6 隐框玻璃幕墙板块安装 ················ 61

  3.6.1 外围护结构组件安装 ·············· 61

  3.6.2 玻璃板块安装 ···················· 62

3.7 幕墙收边收口及注胶密封 ············· 64

  3.7.1 幕墙收边收口 ···················· 64

  3.7.2 注胶密封 ························· 64

3.8 质量标准 ··························· 66

  3.8.1 组件组装质量要求 ················ 66

  3.8.2 外观质量 ························· 68

4 单元式玻璃幕墙的安装工艺 ·············· 70

4.1 一般规定 ··························· 70

  4.1.1 安装要求 ························· 70

  4.1.2 隐蔽工程验收项目及部位 ·········· 71

4.2 测量放线及埋件处理 ················· 71

  4.2.1 测量放线 ························· 71

  4.2.2 埋件安装、检查及纠偏 ············ 71

  4.2.3 转接件安装 ······················ 71

4.3 单元板块运输和堆放 ················· 74

  4.3.1 单元板块运输 ···················· 74

  4.3.2 单元板块场内堆放 ················ 74

4.4 单元板块安装及调整 ················· 75

  4.4.1 吊装机具准备 ···················· 75

  4.4.2 单元板块起吊和就位 ·············· 76

  4.4.3 高层区单元板块的吊装 ············ 77

  4.4.4 板块安装 ························· 77

4.5 主要附件安装 ······················ 81

  4.5.1 防腐处理 ························· 81

4.5.2 防雷装置 ················ 81

4.5.3 层间防火 ················ 81

4.5.4 保温、隔潮措施 ··········· 81

4.6 幕墙收边收口及注胶密封 ············· 82

4.6.1 幕墙收边收口 ·············· 82

4.6.2 注胶密封 ················ 82

4.7 质量标准 ·················· 83

4.7.1 单元部件和单板组件的装配要求 ······ 83

4.7.2 组件组装质量要求 ··········· 84

4.7.3 外观质量 ················ 84

5 点支承玻璃幕墙的安装工艺 ··········· 85

5.1 一般规定 ·················· 86

5.1.1 安装要求 ················ 86

5.1.2 隐蔽工程验收项目及部位 ········ 87

5.2 测量放线及埋件处理 ············· 87

5.2.1 测量放线 ················ 87

5.2.2 埋件安装、检查及纠偏 ········· 87

5.2.3 连接件安装 ··············· 88

5.3 支承结构与支承装置安装 ··········· 89

5.3.1 杆件体系支承结构安装 ········· 89

5.3.2 索杆体系支承结构安装 ········· 92

5.3.3 支承装置安装 ············· 94

5.4 主要附件安装 ················ 99

5.4.1 防腐处理 ················ 99

5.4.2 防雷装置 ················ 99

5.5 玻璃面板安装及调整 ············· 99

5.5.1 安装准备 ················ 99

5.5.2 面板安装 ················ 100

5.5.3 拉索调节定位 ············· 101

5.6 幕墙收边收口及注胶密封 ··········· 102

5.6.1 幕墙收边收口 ················ 102

5.6.2 密封注胶 ···················· 102

5.7 质量标准 ······················ 103

5.7.1 组件组装质量要求 ············ 103

5.7.2 外观质量 ···················· 103

6 全玻璃幕墙的安装工艺 ·············· 105

6.1 一般规定 ······················ 106

6.1.1 安装要求 ···················· 106

6.1.2 隐蔽工程验收项目及部位 ······ 107

6.2 测量放线及埋件处理 ············ 107

6.2.1 测量放线 ···················· 107

6.2.2 预埋件安装、检查及纠编 ······ 107

6.3 悬吊结构、钢附框（吊夹）安装 ····· 107

6.3.1 上部承重钢结构 ·············· 107

6.3.2 安装吊夹具 ·················· 108

6.3.3 钢附框安装 ·················· 110

6.4 主要附件安装 ·················· 111

6.4.1 防腐处理 ···················· 111

6.4.2 防雷装置 ···················· 111

6.4.3 层间防火 ···················· 111

6.4.4 保温、隔潮措施 ·············· 111

6.5 玻璃面板及玻璃肋的安装 ········ 111

6.5.1 安装玻璃面板 ················ 111

6.5.2 安装肋玻璃 ·················· 112

6.5.3 立面墙趾安装 ················ 115

6.6 幕墙收边收口及密封注胶 ········ 115

6.6.1 幕墙收边收口 ················ 115

6.6.2 注胶密封 ···················· 115

6.7 质量标准 ······················ 116

6.7.1 组件组装质量要求 ············ 116

6.7.2 外观质量 ·················· 116

7 金属板幕墙的安装工艺 ·················· 117

7.1 一般规定 ·················· 117

7.1.1 安装要求 ·················· 117

7.1.2 隐蔽工程验收项目及部位 ·················· 118

7.2 测量放线及埋件处理 ·················· 119

7.2.1 测量放线 ·················· 119

7.2.2 预埋件安装、检查及纠偏 ·················· 119

7.2.3 连接件安装 ·················· 119

7.3 立柱、横梁安装 ·················· 119

7.3.1 立柱安装 ·················· 119

7.3.2 横梁安装 ·················· 121

7.4 主要附件安装 ·················· 122

7.4.1 防腐处理 ·················· 122

7.4.2 防雷装置 ·················· 122

7.4.3 层间防火 ·················· 122

7.4.4 保温、隔潮措施 ·················· 123

7.5 金属板安装及调整 ·················· 123

7.5.1 安装要求 ·················· 123

7.5.2 金属板连接及固定 ·················· 124

7.5.3 铝塑复合板的连接 ·················· 125

7.5.4 蜂窝铝板连接 ·················· 129

7.6 幕墙收边收口及密封注胶 ·················· 130

7.6.1 幕墙收边收口 ·················· 130

7.6.2 密封注胶 ·················· 133

7.7 质量标准 ·················· 134

7.7.1 组件组装质量要求 ·················· 134

7.7.2 外观质量 ·················· 134

8 石材幕墙的安装工艺 ·················· 136

8.1 一般规定 ·················· 138

8.1.1　安装要求 ·············· 138

8.1.2　隐蔽工程验收项目及部位 ········ 140

8.2　测量放线与埋件处理 ··········· 140

8.2.1　测量放线 ·············· 140

8.2.2　预埋件安装、检查及纠偏 ···· 141

8.2.3　连接件安装 ············· 141

8.3　立柱、横梁安装 ············· 142

8.3.1　立柱安装 ·············· 142

8.3.2　横梁安装 ·············· 142

8.4　主要附件安装 ··············· 142

8.4.1　防腐处理 ·············· 142

8.4.2　保温、隔潮层安装 ········ 143

8.4.3　层间防火（防水） ········ 143

8.4.4　防雷装置安装 ··········· 143

8.5　金属挂件、石材面板安装及调整 ····· 143

8.5.1　金属挂件安装 ··········· 143

8.5.2　石材面板安装及调整 ······ 148

8.6　幕墙收边收口及注胶密封 ········ 150

8.6.1　石材幕墙收边收口 ········ 150

8.6.2　注胶密封 ·············· 151

8.7　质量标准 ················· 152

9　幕墙安装安全生产 ············· 154

9.1　高空作业安全 ·············· 154

9.2　吊装安全 ················· 156

9.3　脚手架安全 ··············· 156

9.4　高处作业吊篮 ·············· 157

参考文献················· 159

1 幕墙安装基础

1.1 建筑幕墙分类及代号

　　建筑幕墙是由面板与支承结构体系（支承装置与支承结构）组成的、可相对主体结构有一定位移能力或自身有一定变形能力、不承担主体结构所受作用的建筑外围护墙。根据现行国家标准《建筑幕墙》GB/T 21086—2007 的规定，建筑幕墙分类和标记代号，见表 1-1。建筑幕墙面板支承形式、单元部件间接口形式分类及标记代号，见表 1-2。

建筑幕墙分类和标记代号　　　　　　　表 1-1

分类依据	分　类	代号	说　　明
主要支承结构	构件式	GJ	现场在主体结构上安装立柱、横梁和各种面板的建筑幕墙
	单元式	DY	由各种面板与支承框架在工厂制成完整份额幕墙结构基本单位，直接安装在主体结构上的建筑幕墙
	点支承	DZ	由玻璃面板、点支承装置和支承结构构成的建筑幕墙
	全玻	QB	由玻璃面板和玻璃肋构成的建筑幕墙
	双层	SM	又称热通道幕墙、呼吸式幕墙、通风式幕墙、节能幕墙等。由内外两层立面构造组成，形成一个室内外之间的空气缓冲层

分类依据	分类		代号	说明
密闭形式	封闭式		FB	板接缝密封
	开放式		KF	开缝式:板接缝部分或完全敞开,允许空气及少量水进入;遮蔽式:使用金属、橡胶等材料遮盖住板接缝,没有气密性要求,但基本做到水密
面板材料	玻璃幕墙		BL	面板材料为玻璃的建筑幕墙
	金属板幕墙	单层铝板	DL	板材厚度范围:2~3mm;表面处理:喷涂或辊涂氟碳漆
		铝塑复合板	SL	板总厚度:≥4mm;表面处理:辊涂氟碳漆
		蜂窝铝板	FW	板厚度:10~25mm;表面处理:辊涂氟碳漆
		彩色涂层钢板	CG	
		搪瓷涂层钢板	TG	
		锌合金板	XB	
		不锈钢板	BG	
		铜合金板	TN	
		钛合金板	TB	
	石材幕墙		SC	面板材料为天然建筑石材的建筑幕墙
	人造板材幕墙	瓷板	CB	以瓷板(吸水率平均值≤0.5%干压陶瓷板)为面板的建筑幕墙
		陶板	TB	以陶板(吸水率平均值3%~6%,6%~10%挤压陶瓷板)为面板的建筑幕墙
		微晶玻璃	WJ	以微晶玻璃板(通体板材)为面板的建筑幕墙
	组合面板幕墙		ZH	

建筑幕墙面板支承形式、单元部件间接口形式分类及标记代号

表 1-2

分类依据	分 类		代号	说 明
面板支承形式	构件式玻璃幕墙	隐框结构	YK	全隐:外面不可见立柱与横梁
		半隐框结构	BY	竖隐:外面可见横梁; 横隐:外面可见立柱
		明框结构	MK	非隔热型材:可见框架; 隔热型材:可见框架
	点支承玻璃幕墙	钢结构	GG	
		索杆结构	RG	
		玻璃肋	BLL	
	全玻幕墙	落地式	LD	玻璃受托于下支架上
		吊挂式	DG	用吊挂装置悬吊起玻璃
	石材幕墙、人造板材幕墙	嵌入	QR	
		钢销	GX	
		短槽	DC	
		通槽	TC	
		勾托	GT	
		平挂	PG	
		穿透	CT	
		蝶式背卡	BK	
		背栓	BS	
单元部件间接口形式	单元式幕墙	插接型	CJ	单元部件之间组合采用带有密封胶条防水构造的对插连接
		对接型	DJ	单元部件之间组合采用带有对压密封胶条的对接连接
		连接型	LJ	单元部件之间组合采用同时镶嵌在各自接口构件上的密封胶条连接; 单元部件之间组合接口采用耐候密封胶密封粘接
通风方式	双层幕墙	外通风	WT	进、出通风口设在外层
		内通风	NT	进、出通风口设在内层

3

1.2 建筑幕墙标记方法及标记示例

1. 标记方法

幕墙 GB/T 21086 □-□-□-□-□

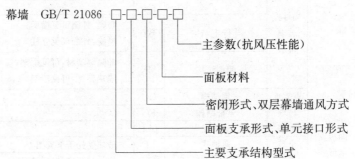

主参数(抗风压性能)

面板材料

密闭形式、双层幕墙通风方式

面板支承形式、单元接口形式

主要支承结构型式

2. 标记示例

幕墙 GB/T 21086GJ-YK-FB-BL-3.5（构件式-隐框-封闭-玻璃，抗风压性能 3.5kPa）

幕墙 GB/T 21086GJ-BS-FB-SC-3.5（构件式-背栓-封闭-石材，抗风压性能 3.5kPa）

幕墙 GB/T 21086GJ-YK-FB-DL-3.5（构件式-隐框-封闭-单层铝板，抗风压性能 3.5kPa）

幕墙 GB/T 21086GJ-DC-FB-CB-3.5（构件式-短槽式-封闭-瓷板，抗风压性能 3.5kPa）

幕墙 GB/T 21086DY-DJ-FB-TB-3.5（单元式-对接型-封闭-陶板，抗风压性能 3.5kPa）

幕墙 GB/T 21086DZ-SG-FB-BL-3.5（点支式-索杆结构-封闭-玻璃，抗风压性能 3.5kPa）

幕墙 GB/T 21086QB-LD-FB-BL-3.5（全玻-落地-封闭-玻璃，抗风压性能 3.5kPa）

幕墙 GB/T 21086SM-MK-NT-BL-3.5（双层-明框-内通风-玻璃，抗风压性能 3.5kPa）

1.3 幕墙材料质量要求与检验

1.3.1 一般规定

（1）材料和半成品进场时应交验产品合格证和质量证明书。试验室检验的以检验报告为准，并进行现场验收、检验。进口材料应出具商检证。

（2）建筑幕墙工程所用各种材料、五金配件、构件及组件的产品合格证书、性能检测报告和复验报告等。

（3）建筑幕墙工程（包括隐框、半隐框中空玻璃合片）所用硅酮结构胶的认定证书和抽查合格证明，进口硅酮胶的商检证，国家指定检测机构出具的硅酮结构胶相容性和剥离粘结性试验报告，双组分硅酮结构胶的混匀性试验、拉断试验记录，注胶养护环境温度、湿度记录，石材用密封胶的耐污染性试验报告，槽式埋件、后置埋件和背栓的抗拉、抗剪承载力性能试验报告，金属板材表面氟碳树脂涂层的物理性能试验报告等。

（4）材料进场时应将同一厂家生产的同一品种、规格、批号的材料作为一个检验批进行复检，每批应随机抽样 3% 且不少于 5 件，并将检验结果记录备案。合同另有约定时按合同执行。

（5）幕墙工程中所用的材料除应符合本节的规定外，尚应符合国家现行的有关产品标准的有关规定。

（6）进场后需要进行复验的材料种类及项目如下：

1）复合板的剥离强度。

2）石材的弯曲强度、设计要求的耐冻融性。

3）硅酮胶的邵氏硬度、标准状态拉伸粘结强度、相容性试验；石材用结构胶的粘结强度；石材用密封胶的污染性。

1.3.2 铝合金型材

（1）铝合金型材的检验包括规格、壁厚、膜厚、硬度和表面质量等，必要时进行力学性能检测。

（2）幕墙工程使用的铝合金型材的壁厚、膜厚、硬度和表面质量的检验标准。

1）阳极氧化膜平均膜厚不应小于 $15\mu m$，最小膜厚不应小于 $12\mu m$。

粉末静电喷涂层平均厚度不应小于 $60\mu m$，其局部厚度不应大于 $120\mu m$，且不应小于 $40\mu m$。

电泳涂漆复合膜最小局部厚度不应小于 $21\mu m$。

2）氟碳喷涂层平均厚度不应小于 $40\mu m$。最小局部厚度不应小于 $35\mu m$。

3）硬度的检验标准：应采用韦氏硬度计复测型材表面的硬度。要求与质量证明书提供的表面硬度一致。

4）型材表面质量的检验标准：应在自然散射光条件下目测检查，并应符合下列规定：

① 型材表面应清洁，色泽应均匀。

② 型材表面不应有皱纹、裂纹、起皮、腐蚀斑点、气泡、划伤、擦伤、电灼伤、流痕、发黏以及膜（涂）层脱落、毛刺等缺陷存在。

（3）质量保证资料齐全。进口材料应有国家商检部门的商检证。

1.3.3 钢材

（1）钢材的检验包括规格、壁厚、表面质量和防腐蚀处理等，必要时进行力学性能检测。

（2）幕墙工程所使用钢材的厚度、长度、膜厚和表面质量的检验标准。

1）钢材厚度的检验标准：应采用分辨率为 0.5mm 的游标卡尺或分辨率为 0.1mm 的金属测厚仪在杆件同一截面的不同部位测量，测点不应少于 5 个并取最小值，结果应符合设计要求。

2）钢材长度的检验标准：应采用分度值为 1mm 的钢卷尺

在两侧测量，结果应符合设计要求。

3）保护膜厚度的检验标准：应采用分辨率为 $0.5\mu m$ 的膜厚检测仪检测。每根杆件在同部位的测点不少于 5 个，同一测点测量 5 次，取平均值。当采用热浸镀锌处理时，其膜厚应大于 $45\mu m$；采用静电喷涂时，其膜厚应大于 $40\mu m$。

4）钢材表面质量的检验标准：应在自然散射光条件下，目测检查。钢材的表面不得有裂纹、气泡、结疤、泛锈、夹渣和折叠，截面不得有严重毛刺、卷边等现象。

5）质量保证资料齐全。进口材料应有国家商检部门的商检证。

1.3.4 玻璃

玻璃的检验包括品种、厚度、边长、外观质量、应力和边缘处理情况等，必要时进行力学、光学、热工性能检测。

1.3.5 金属板材及金属复合板材

（1）金属板材及金属复合板材的检验包括厚度、金属板与夹心层的剥离强度、板材表面涂层质量等。

（2）蜂窝板的检验包括正、背面金属板厚度和剥离强度等。

（3）金属板幕墙工程使用的金属板材的壁厚、膜厚、板材尺寸、折弯角度、折边高度和表面质量以及加强肋的检验标准。

1）板材厚度的检验标准：

① 幕墙采用单层铝板时，其厚度应符合表 1-3 规定。

单层铝板的厚度 表 1-3

铝板屈服强度（N/mm²）	<100	100≤屈服强度<150	≥150
铝板的厚度 t（mm）	≥33.0	≥2.5	≥2.0

② 幕墙采用铝塑复合板时，其上下两层铝合金板的厚度均应为 0.5mm。

③ 幕墙采用蜂窝铝板时，厚度为 10mm 的蜂窝铝板应由

1mm 厚的正面铝合金板、0.5～0.8mm 厚的背面铝合金板及铝蜂窝粘结而成；厚度为 10mm 以上的蜂窝铝板，其正背面铝合金板厚度均为 1mm。

2）板材膜厚检验同铝型材膜厚检验质量标准。

3）板材尺寸检验：

① 板材边长的检验：应在金属板安装或组装前，用分度值为 1mm 的钢卷尺沿板材周边测量，其允许偏差：≤2000mm 时为 2mm，＞2000mm 时为 3mm。

② 板材对角线的检验：用分度值为 1mm 的钢卷尺沿板材对角测量，其允许偏差：≤2000mm 时为 2.5mm，＞2000mm 时为 3mm。

③ 孔中心距的检验：用分度值为 1mm 的钢卷尺或分辨率为 0.02mm 的游标卡尺检验，其允许偏差不大于±1.5mm。

④ 折角弯度和高度检验：折角弯度用分度值为 0.02°的万能角度尺测量折弯角度，取最大值，其误差小于 2′。折边高度用分度值为 1mm 钢卷尺或分辨率为 0.02mm 的游标卡尺进行检测，其允许偏差≤1mm。

4）金属板材表面质量的检验：

① 板材的表面平整度应≤2/1000。

② 板材的表面氟碳树脂漆涂层应无气泡、裂纹、剥落现象。

5）加强肋及其附件检验：

① 单层铝板的固定角铝应位置准确，调整方便，固定牢固。

② 加工完成的铝塑复合板和蜂窝铝板，其折角角缝和外露切口应采用中性硅酮耐候胶密封。

③ 单层铝板的加强肋应固定牢固不得脱落。

④ 单层铝板固定角铝的安装方法可采用焊接、铆接或在铝板上直接冲压而成。应保证位置准确，调整方便，固定牢固。

⑤ 单层铝板加强肋的固定方法应用结构胶或 3M 胶带粘接，也可采用电栓钉，但应保证铝板外表不变形，不变色，且固定牢固。

6）质量保证资料齐全：

① 铝板的产品合格证。进口铝板应有国家商检部门的商检证。

② 铝板的物理性能、化学成分检验报告。

7）单层铝板如采用氟碳铝单板制品，其外观质量、加强肋、固定挂件、尺寸偏差、涂层厚度应符合现行行业标准《建筑幕墙用氟碳铝单板制品》JG/T 331 的规定。

① 外观质量要求及检验：整板板材边部应切齐，无毛刺、裂边，板缝焊接处不允许有漏焊和开焊。检验应在非阳光直射的自然光条件下，距试样 0.5m 目视观察。

装饰面外观应整洁，图案清晰、色泽基本一致，无明显划伤，不得有明显压痕、印痕和凹凸等残迹。滚涂涂层不得有漏涂、波纹、鼓泡或穿透涂层的损伤；液体喷涂涂层应无流痕、裂纹、气泡、夹杂物或其他表面缺陷。检验应在非阳光直射的自然光条件下，随机取同一批至少两个试样（总面积不小于 $1m^2$）按同一生产方向并排侧立拼成一面，距拼成的板面中心 1m 处垂直目测。

② 加强肋和固定挂件要求及检验：加强肋与板的连接应牢固可靠。固定加强筋的螺栓与基板的焊接应牢固，无虚焊。

固定挂件与基板的连接应牢固可靠，位置准确，不应有影响承载力和安装的缺陷存在。

安装固定挂件时，连接用螺栓或铆钉不应损害涂层表面及预留孔的涂层。

不宜采用焊接连接；当必须采用焊接连接时，应使用与铝基板性质匹配的焊接材料。

检验时将铝单板的加强肋卸掉，目测螺栓与基板之间的焊接有无虚焊，用橡胶锤轻敲螺栓和固定挂件观察其有无脱落。

③ 尺寸偏差检验项目及方法

基材厚度：基材厚度的测量应在整件试样的角部和几何中心位置进行。取测量值与标称值之间的极限偏差作为试验结果。其测量方法有两种。方法一：用精度为 0.01mm 的厚度测量器具测量某点的总厚度，然后测量该点的局部涂层厚度，以总厚度与局部涂层厚度的差值为该点的基材厚度。方法二：用适当的方法（不得损耗基材厚度）将幕墙氟碳铝单板表面的涂层去除干净，然后用精度为 0.01mm 的厚度测量器具测量。仲裁时，采用方法二测量基材厚度。

边长：用分度值为 0.5mm 的钢板尺或钢卷尺在距离端部 100mm 的位置测量，每件试样上不应少于三个测量位置，以长度（宽度）的测量值与标称值之间的极限偏差作为试验结果。

对角线差：用分度值为 0.5mm 的钢板尺或钢卷尺测量并计算同一试样上两对角线长度之差值。以三件试样中测得的最大差值作为试验结果。

对边尺寸差：用分度值为 0.5mm 的钢板尺或钢卷尺测量并计算同一试样上两条对边长度之差值。以三件试样中测得的最大差值作为试验结果。

面板平整度：将试样垂直放于水平台上，用 1000mm 长的钢直尺垂直靠于板面上，钢直尺面与板面垂直，用塞尺测量钢直尺与板面之间的最大缝隙。以全部测量值中的最大值作为试验结果。

折边角度：用万能角度尺在距离端部至少 100mm 的位置测量，每条边上不应少于三个测量位置。取测量值与标称值之间的极限偏差作为试验结果。

折边高度：用分度值为 0.02mm 游标卡尺在距离端部至少 100mm 的位置测量，每条边上不应少于三个测量位置。取测量值与标称值的极限偏差作为试验结果。

④ 涂层厚度检验：每件试样应测量角部和几何中心位置的局部涂层厚度，并计算平均涂层厚度。

8）铝塑复合板应有化学成分和力学性能检测报告及出厂合格证，并复检铝塑复合板的剥离强度。

9）铝塑复合板的外观质量：外观应整洁，涂层不得有漏涂或穿透涂层厚度的损伤。铝塑复合板正反面不得有塑料外露。装饰面不得有明显压痕和凹凸等缺陷。

1.3.6 石材和其他非金属板材

（1）石材和其他非金属板材的检验包括吸水率、弯曲强度、厚度、表面质量等，必要时进行力学性能检测。

（2）石材幕墙工程使用的石材板材的品种、规格、性能和等级的检验标准。

1）石材品种、性能和等级的检验：石材进场时，复检石材的弯曲强度；寒冷地区石材的耐冻融性；室内用花岗岩的放射性；检查石材的产品合格证和性能检测报告。石材的弯曲强度不应小于 8.0MPa。

2）石材的长度、宽度、厚度、直角检验：应采用分度值为 1mm 的钢卷尺或分辨率为 0.02mm 的游标卡尺和直尺进行检查，检查结果应符合设计要求。

3）石材安装槽位的检验：应采用分度值为 1mm 的钢卷尺或分辨率为 0.02mm 的游标卡尺进行检查，短槽式安装的石板：槽长不应小于 100mm。在有效长度内槽深度不宜小于 15mm，宽度宜为 6 或 7mm。两短槽边距石板两端的距离不应小于板厚的 3 倍，且不应小于 85mm，也不应大于 180mm。

4）石材的外观质量检验：

① 表面平整、洁净、无污染，颜色和花纹应协调一致，无明显色差，无明显修复痕迹。

② 每平方米石材的表面质量和检验方法应符合表 1-4 的要求。

每平方米石材的表面质量和检验方法 表 1-4

项次	项　目	质量要求	检验方法
1	裂痕、明显划伤和长度＞100mm 的轻微划伤	不允许	观察
2	长度≤100mm 的轻微划伤	≤8 条	用钢尺检查
3	擦伤总面积	≤500mm²	用钢尺检查

5）质量保证资料：

① 石材的产品合格证。进口石材应有国家商检部门的商检证。

② 石材强度和放射性检测报告。

1.3.7 建筑密封材料

（1）硅酮结构密封胶、硅酮建筑密封胶及密封材料检验：

1）硅酮结构密封胶检验相容性、剥离粘结性、邵氏硬度、标准状态拉伸粘结性能、破坏形式、样板的注胶宽度、厚度、密实度和截面色泽等。

2）硅酮建筑密封胶检验相容性、粘结性能、样板的注胶宽度、厚度、密实度、表面状态等。

3）其他密封材料及衬垫材料检验相容性、粘结性能等。

（2）幕墙工程使用的硅酮结构胶、硅酮耐候胶在使用前，必须到国家指定检测中心进行相容性试验、拉伸粘结强度试验和复测邵氏硬度。复测石材用结构胶的粘结强度：

1）出厂日期、使用有效期必须合格。

2）硅酮结构胶的内聚性破坏检验应合格。

3）硅酮结构胶的注胶宽度、厚度应符合设计要求，且宽度不得小于 7mm，厚度不得小于 6mm。

4）硅酮密封胶的相容性试验和粘结拉伸试验必须合格。

5）密封胶粘结形式、宽度应符合设计要求，厚度应不小于 3.5mm。

6）当幕墙为隐框幕墙时，应用探针检测或采用切割检查的方法，观察胶的固化程度、饱满度和密实度。硅酮结构胶未曾固化时不得安装。

（3）注胶时不应有气泡、结皮和凝胶，颜色与样品无明显差异。注胶表面应光滑，无裂缝现象，接口处厚度和颜色应一致。

（4）质量保证资料齐全：

1）硅酮结构胶剥离试验记录。

2）每批硅酮结构胶的变位承受能力数据、质量保证书和产品合格证。

3）相容性试验报告和粘结拉伸试验报告。

4）进口硅酮结构胶应有国家商检部门的商检证。

1.3.8 五金件及其他配件

五金件及其他配件检验外观质量、活动性能等，必要时检测力学性能。

1.3.9 其他材料

（1）转接件、连接件的开孔长度不应小于 40mm，孔边距离不应小于开孔宽度的 1.5 倍。

（2）转接件、连接件采用碳素钢材时，表面应做热镀锌处理，或其他防腐处理。

（3）滑撑、限位器的检验：

1）用磁铁检验滑撑、限位器的材质，不得使用非不锈钢制品。

2）检验滑撑、限位器的外观质量和活动性能。滑撑、限位器应采用奥氏体不锈钢，表面光洁，不应有斑点、砂眼及明显划痕，金属层应色泽均匀，不应有气泡、露底、泛黄、龟裂等缺陷，强度、刚度应符合设计要求。

（4）质量保证资料：

1）产品合格证。

2）镀锌工艺或其他防腐处理质量证明书。

2 建筑幕墙安装基本工艺

2.1 幕墙施工测量放线

施工测量放线是整个幕墙施工的基础工作，直接影响着幕墙安装质量，必须对此项工作引起足够的重视，提高测量放线的精度，消除主体结构施工出现的误差是确保幕墙施工质量的重要环节。

2.1.1 施工测量

1. 一般规定

（1）现场复测应根据下列资料进行：

1）建筑施工图。

2）经建筑设计单位审定的幕墙施工图。

3）经监理和业主确认的工程变更资料。

4）该工程的相对标高线（即±0.000）位置。

（2）幕墙分格轴线的测量应与主体结构的测量相配合，及时调整、分配、消化测量偏差，不得累积。放线时应进行多次校正。

（3）应定期对幕墙的安装定位基准进行校核。

（4）对高层建筑幕墙的测量，应在风力不大于 4 级时进行。

（5）幕墙立面分格宜与房间划分、防火分区相协调。

2. 测量要点

（1）对主体结构的质量（如垂直度、水平度、平整度及预留孔洞、埋件等）进行检查，做好记录，如有问题应提前进行剔凿处理。根据检查的结果，调整幕墙与主体结构的间隔距离。

（2）按照复测放线后的轴线和标高基准，严格按构件式幕墙分格大样图用激光垂准仪和水平仪进行洞口和分格线的测量放线。

在工作层上放出 x、y 轴线，用激光经纬仪依次向上定出轴线。再根据各层轴线定出楼板预埋件的中心线，并用经纬仪垂直逐层校核，再定各层连接件的外边线，以便与立柱连接。

在测量竖向垂直度时，每隔 4 或 5 条轴线选取一条竖向控制轴线，各层均由初始控制线向上投测，形成每根立柱的分格垂直线。

如果主体结构为钢结构，由于弹性钢结构有一定挠度，故应在低风时测量定位（一般在早 8 点，风力在 1～2 级以下时）为宜，且要多测几次，并与原结构轴线复核、调整。

（3）根据标高水平基准线和立柱分格垂直线设置标高水平基准钢线和立柱垂直基准钢线。如果不用钢线而用经纬仪直接安装立柱，需用 2 台经纬仪同时控制一根立柱的平面度和垂直度，安装工作面窄。设置钢线后，可以同时进行多根立柱的安装，工作面宽。

（4）检查测量误差。如误差超过图纸规定，应及时向设计方反映，经设计变更后方可继续施工。

（5）幕墙分格轴线的测量应与主体结构测量相配合，其偏差应及时调整，不得累积。应定期对幕墙的安装定位基准进行校核。

（6）对高层建筑的测量应在风力不大于 4 级时进行。

2.1.2 放线要求

1. 一般规定

（1）施工放线应按有关规范进行，要求确保测量精度，挂线应考虑便于使用、保存和检查，应竖立醒目保护标识，若被破坏，应及时恢复。

（2）施工放线前要认真阅读幕墙设计图纸等有关技术资料，并根据以下资料放线：

1）现场提供的标高 ±0.000 线和复测定位后的基准轴线和基准标高线。

2）幕墙施工设计图纸和工程变更通知单。

（3）施工放线要按有关规范要求确保施工测量精度。

（4）钢线应考虑便于使用、保存和检查。应竖立醒目保护标识。若被破坏，应及时恢复。

（5）幕墙放线的准备工作：

1）熟悉图纸和所有技术资料，主体结构的总承包单位移交标高控制线，轴线控制线以及底层的基准控制点。

2）摸清建筑结构、设备安装等的相互关系，要求互不矛盾、互不干扰。

3）计算图纸尺寸，校对复测数据，检查分格尺寸和总尺寸是否一致；建筑图、结构图和幕墙施工设计图相应尺寸是否一致；分层标高和总标高是否一致。

4）拟定测量放线计划，并做好幕墙放线的技术交底。

2. 放线要点

（1）在施工现场将重新定位的轴线和分层标高基准线引出建筑物外呈四点矩形水平面控制线。

（2）根据水平面控制线引到建筑物外的基准轴线，用经纬仪将基准轴线测设到各层墙面上。轴线定位钢线应用垂准仪每隔2层定出钢线固定点位置。钢线直径应为1.5mm。固定支架应用∟40×4角钢。角钢一端钻 $\phi1.6\sim\phi1.8$ 的孔眼，所有角钢孔眼应自下而上用垂准仪进行十字线中心定位，确保所有孔眼处于垂直状态。另一端应用M8膨胀螺栓固定在相应主体结构立面上，钢线穿过孔眼并用紧线螺栓绷紧。

（3）为了减少铝合金立柱的安装误差，应验证各基准轴线中心距的具体尺寸。

（4）参照基准轴线，分格为偶数的平面幕墙，应将各洞口分中定位。先根据图纸定出中间一根铝合金立柱的位置，参照分层标高位置，将中间立柱的基准钢线测设在角钢支架上，并用紧线螺栓绷紧。

（5）参照基准轴线，分格为奇数的平面幕墙，应将各洞口分中，根据图纸定出中间两根铝合金立柱的位置。参照分层标高位置，将中间两根立柱的基准钢线测设在角钢支架上，并用紧线螺栓绷紧。

（6）其他铝合金立柱则按中间立柱的基准钢线分别向两边定位放线。

（7）铝合金立柱竖向位置控制线。先从平面控制线定出幕墙平面的水平投影线，用垂准仪从水平投影线向上引伸，确定铝合金立柱的层高位置控制钢线。对于高度低于 30m 的多层建筑的层高位置控制线，可采用垂球法测设。

（8）安装好铝合金立柱后，再进行水平横梁位置的放线。根据各层标高基准，按照施工设计图用水准仪测定铝合金横梁的位置，并设置水平控制钢线。为了消除钢线产生的挠曲，应每隔 5m 测设一点。

（9）在建筑物的立面上定出"十"字形主轴控制线，利用钢尺将其他轴线、水平分割线测设在主体结构的立面上。

（10）放线定位工作结束后，应填写测量记录表。

2.1.3　测点保护

测设的控制点，应射入钢钉并用绿漆标记，加以保护。

测设的水平控制点应设置在永久的结构上，用绿漆标记，并注明标高。注意标记要与其他单位的标记分开。

安装在外墙上的基准钢线的固定支架，不能成为其他单位施工时的辅助支架，应时常查看钢线是否断开，并随时清除上面的建筑垃圾。

2.2　预埋件安装、检查及纠偏

2.2.1　预埋件安装

幕墙与混凝土结构宜通过预埋件连接，预埋件应在土体结构混凝土施工时埋入。后置埋件应按设计要求与主体结构连接牢固。

将预埋件锚筋前端勾挂在主体结构钢筋上（勾锚筋型预埋件）或将预埋件锚筋前端搭接在主体结构钢筋上（直锚筋型预埋件），预埋件的埋板应与墙体表面平行；将锚筋绑扎在主体结构钢筋上。

当混凝土浇筑完成后，检查预埋件位置并做好记录。

2.2.2 预埋件检查

依据预埋件的编号图，依次逐个找出预埋件，清除预埋件表面的覆盖物和预埋件内的填充物（槽形埋件），并检查预埋件与主体结构结合是否牢固、位置是否正确。将每一编号处的结构偏差与预埋件的偏差值记录下来。将检查结果提交反馈给设计进行分析，若预埋件结构偏差较大，已超出相关施工各范围或垂直度达不到国家和地方标准的，则应将报告以及检查数据，呈报给业主、监理、总包，并提出建议性方案供有关部门参考，待业主、监理、设计同意后再进行施工。若偏差在范围内，则依据施工图进行下道工序的施工。

1. 预埋件上下、左右的检查

测量放样过程中，测量人员将预埋件标高线、分格线均用墨线弹在结构上。依据十字中心线，施工人员用钢卷尺进行测量，检查尺寸计算：理论尺寸－实际尺寸＝偏差尺寸。检查出预埋件左右、上下的偏差，如图 2-1、图 2-2 所示。

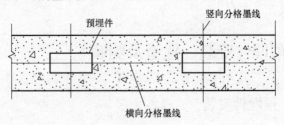

图 2-1 平板预埋件上下、左右检查

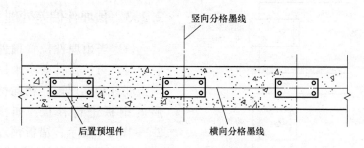

图 2-2　后置埋件上下、左右检查

2. 预埋件进出检查

预埋件进出检查时，测量放线人员从首层与顶层间布置钢线检查，一般 15m 左右布置一根钢线，为减少垂直钢线的数量，横向使用鱼丝线进行结构检查，检查尺寸计算：理论尺寸－实际尺寸＝偏差尺寸。检查出预埋件进出的偏差，如图 2-3、图 2-4 所示。

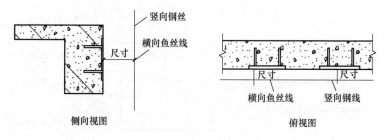

图 2-3　平板预埋件进出检查

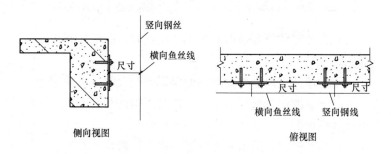

图 2-4　后置预埋件进出检查

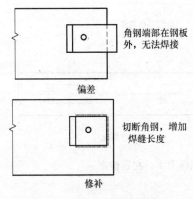

图 2-5　预埋件平面位置偏差
处理示意图一

2.2.3　预埋件偏差处理

（1）当预埋件位置偏差较小时，可按设计要求采用与预埋件相同厚度、相同材质的钢板进行补板，如图2-5～图2-7所示；锚板预埋件补埋一端采用焊接方式，另一端采用锚栓与主体结构可靠固定，如图2-8～图2-11所示。

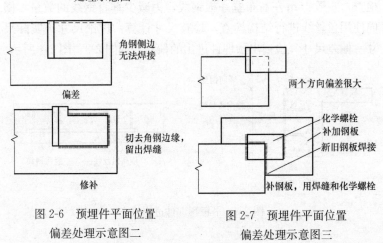

图 2-6　预埋件平面位置
偏差处理示意图二

图 2-7　预埋件平面位置
偏差处理示意图三

（2）当预埋件位置偏差较大无法使用时，应重新制作安装后置埋件。

（3）预埋件表面沿垂直方向倾斜误差较大时，可采用相同材质、厚度合适的钢板垫平后焊牢，严禁用钢筋头等不规则金属件作垫焊或搭接焊。

（4）预埋件表面沿水平方向倾斜较大，影响正常安装时，可采用上述（1）的方法修正。

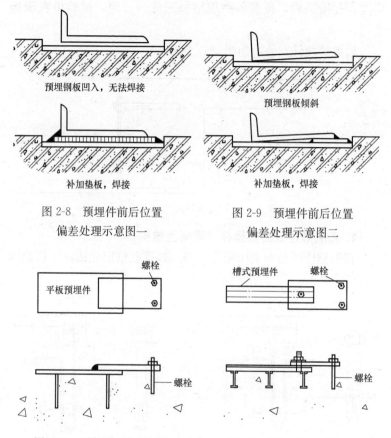

图 2-8　预埋件前后位置　　　　图 2-9　预埋件前后位置
　　偏差处理示意图一　　　　　　偏差处理示意图二

图 2-10　平板预埋件补埋固定　　图 2-11　槽式预埋件补埋固定

（5）因楼层向内偏移引起支座长度不够，无法正常安装时，可采用加长支座的办法解决，也可以采用在预埋件上焊接钢板或槽钢加垫的方法解决。

2.2.4　后置埋件安装

幕墙与主体结构间没有条件采用预埋件时，宜采用后置埋件，后置预埋件一般采用 Q235B 锚板，锚板采用相应的防腐处理。锚板通过膨胀螺栓或化学锚栓与结构连接。锚栓在施工之前应进行拉拔试验，按照各种规格每三件为一组，试验可在现场进行。

后置预埋件安装，如图2-12所示。

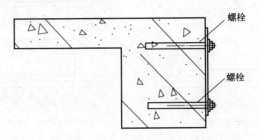

图 2-12 后置预埋件安装示意图

1. 膨胀螺栓式后置埋件（混凝土结构）

膨胀型锚栓是指利用膨胀件挤压锚孔孔壁形成锚固作用的锚栓，如图2-13、图2-14所示。

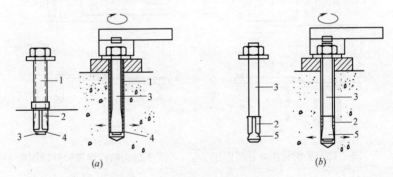

图 2-13 扭矩控制式膨胀型锚栓示意

（a）套筒式（壳式）；（b）膨胀片式（光杆式）

1—套筒；2—膨胀片；3—螺杆；4—内螺纹活动锥；5—膨胀锥头

（1）将后置预埋件位置用墨线弹在结构上，施工人员依据所弹十字定位线进行打孔，如图2-15所示。

（2）预钻孔：先在混凝土墙体预钻入60mm左右，各孔没遇到钢筋时则继续钻孔，达到要求。若遇到钢筋，则需左右调整

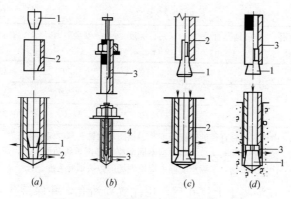

图 2-14 位移控制式膨胀型锚栓示意

（a）锥下型（内塞）；（b）杆下型（穿透式）；

（c）套下型（外塞）；（d）套下型（穿透式）

1—膨胀锥；2—内螺纹膨胀套筒；3—外螺纹膨胀套筒；4—膨胀杆

埋板位置，然后再钻孔，达到设计要求，如偏差较大则在旁边钻孔。

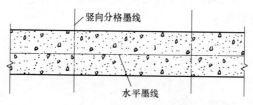

图 2-15 测量放线示意图

（3）在墙体上用冲击钻打孔：为确保打孔深度，应在冲击钻上设立标尺，控制打孔深度。打孔深度及打孔直径依据表 2-1 进行，混凝土配孔直径（适应 ASQ 混凝土强度为 C25～C60）。

打孔直径参照表　　　　　　　　　　表 2-1

螺杆直径 （mm）	钻孔直径 （mm）	钻孔深度 （mm）	安全剪力 （kN）	安全拉力 （kN）
8	10	80		
10	12	90	12.6	13.8

螺杆直径 （mm）	钻孔直径 （mm）	钻孔深度 （mm）	安全剪力 （kN）	安全拉力 （kN）
12	14	110	18.3	19.8
16	18	125	22.9	34.6
20	25	170	54.0	52.4

注：1. 由于同一种直径的螺杆长度并不相同，故钻孔深度仅供参考。

2. 安全剪力和安全拉力是根据不同混凝土强度等级而测定的，不能作为设计施工依据，实际承受能力应以现场的拉拔试验为准。

（4）在混凝土上打孔后，用注气筒清孔，并保持孔内清洁；将膨胀螺栓穿入钢板与结构固定。膨胀螺栓锚入时必须保持垂直混凝土面，不允许膨胀螺栓上倾或下斜，确保膨胀螺栓有充分的锚固深度，螺栓的埋设应牢固、可靠，不得露套管。

（5）将埋板套在螺栓杆上。

（6）检查调整，拧紧螺母，如图 2-16 所示。拧紧时不允许连杆转动。膨胀螺栓锁紧时扭矩力必须达到规范和设计要求。螺母应有防松脱措施。

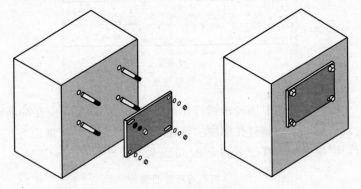

图 2-16 埋件安装示意图

2. 化学锚栓式后置埋件（混凝土结构）

化学锚栓是指由金属螺杆和锚固胶组成，通过锚固胶形成锚固作用的锚栓。化学锚栓按照其适用范围可分为两种：适用于开裂混凝土和不开裂混凝土的化学锚栓及适用于不开裂混凝土的化学锚栓。按照受力机理可分为两种：普通化学锚栓和特殊倒锥形化学锚栓，如图 2-17、图 2-18 所示。特殊倒锥形化学锚栓，在安装时通过锚固胶与倒锥形螺杆之间滑移可形成类似于机械锚栓的膨胀力。

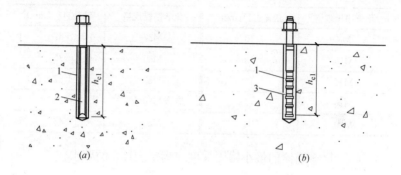

图 2-17　化学锚栓示意

（a）普通化学锚栓；（b）特殊倒锥形化学锚栓

1—锚固胶；2—标准螺纹全牙螺杆；3—倒锥形螺杆

h_{ef}——锚栓有效锚固深度

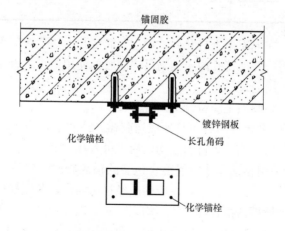

图 2-18　化学锚栓式后置埋件示意

（1）预钻孔：同上。

（2）在墙体上用冲击钻打孔：同上。

（3）锚栓规格和对应的钻孔孔径应符合设计和产品说明书的规定；无具体要求时，应满足表2-2的要求。

化学锚栓规格和钻孔孔径 表2-2

化学锚栓规格	钻孔直径(mm)	化学锚栓规格	钻孔直径(mm)
M8	10	M27	32
M10	12	M30	35
M12	14	M33	37
M16	18	M36	42
M20	24	M39	45

（4）化学锚栓的最小锚固深度应满足表2-3的要求。

化学锚栓最小锚固深度（mm） 表2-3

化学锚栓直径 d	最小锚固深度	化学锚栓直径 d	最小锚固深度
$\leqslant 10$	60	20	90
12	70	$\geqslant 24$	4d
16	80		

（5）在混凝土上打孔后，用注气筒清孔，锚孔内应无浮动灰尘、碎屑，并保持孔内干燥满足锚固胶的使用要求，否则应对锚孔进行干燥处理。

（6）注胶施工应符合下列规定：

1）应采用专用的注胶桶或送胶棒，注胶前，应先将注射筒内胶体挤出一部分，待出胶均匀后方可入孔。

2）采用自动搅拌注射混合包装的锚固胶时，应按产品说明书规定的工艺进行操作，注胶前应经过试操作，若试操作结果表明该自动搅拌器搅拌的胶体不均匀，应予以弃用。

3）锚孔深度大于200mm时，可采用混合管延长器注胶。

4）注胶应从孔底向外均匀、缓慢地进行，应注意排除孔内的空气，注胶量应以植入锚栓后略有胶液被挤出为宜。

5）不应采用将螺杆从胶桶中粘胶直接塞进孔洞的施工方法。

（7）化学锚栓安装施工应符合下列规定：

1）采用厂家定型锚固胶管时，应采用与产品配套的安装工具配合安装，安装时应严格按产品要求控制锚栓的安装深度，旋插到规定深度后应立即停止。

2）采用组合式锚固胶或 AB 组分的锚固胶时，锚栓应按照单一方向旋入锚孔，达到规定的深度；严禁将锚栓长度割短。

3）从注胶到化学锚栓安装完成的时间，不应超过产品说明书规定的适用期，否则应清除锚固胶，按照原工序重新安装。

4）植入的锚栓应立即校正方向，并应保证植入的锚栓处于孔洞的中心位置；锚栓与混凝土面应尽量成 90°角，即垂直于混凝土面，如图 2-19 所示。

5）锚栓安装完成，在满足产品规定的固化温度和对应的静置固化时间后，参见表 2-4。方可进行下道工序施工。

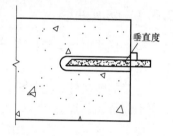

图 2-19　锚栓安装示意图

6）把埋板套在锚杆上；调整埋板的位置和平整度，使其符合要求；拧紧螺母，使之牢固，螺母应有防松脱措施。

化学反应时间　　　　　　　　　　表 2-4

温度（℃）	凝胶时间（min）	硬化时间（min）
−50～0	60	300
0～10	30	60
10～20	20	30
2～40	8	20

3. 夹墙板式后置埋件

（1）在外墙体上用冲击钻打孔，若墙体厚度超过钻头长度，则用钢直尺、水平仪、卷尺在内墙放线，测出内墙钢板位置，划出孔位，钻孔直至钻透。

（2）用注气筒清孔，安装通长螺杆。

（3）将两块夹墙钢板套在螺杆两端。

（4）紧固螺母，使之符合设计要求，螺母与螺杆间应加设平光垫和弹簧垫，防止松脱。

（5）螺母和螺杆间有焊接要求的，应进行点焊。

2.3 幕墙防腐、防火及保温

2.3.1 防腐处理

（1）幕墙框架安装检查合格后，应检查所有固定螺栓是否全部拧紧。

幕墙的转接件、连接件、预埋件等焊接部位应涂防锈漆。焊接应牢固可靠、焊缝密实，不得有漏焊、虚焊，焊缝高度应符合设计要求。现场焊接处表面应先去焊渣（疤），再刷涂二道防锈漆和一道面漆。在焊接中转接件等已损坏的防锈层，应重新补涂。

焊接作业完成后，焊缝焊渣必须全部清理干净，先使用防锈漆将焊接及受损部分进行处理，再用银粉漆进行保护，防锈处理必须要及时，彻底。

（2）埋件外露的埋板、焊缝及需要做防腐处理的钢构件均应进行防腐处理。

（3）铝合金型材与砂浆或混凝土接触时表面会被腐蚀，应在其表面涂刷沥青涂漆加以保护。

当铝合金与钢材、镀锌钢等接触时，应加设绝缘垫板隔离，以防产生电位差腐蚀。

（4）所有钢配件均应进行热镀锌防腐处理。

（5）涂刷防腐涂料前，界面上的灰尘、杂物、焊渣应清理干净，防腐涂料的涂刷应均匀、密实，不应有漏涂点。

（6）对每个节点进行隐蔽工程验收，并做好记录。

2.3.2 幕墙防火

1. 防火要求

幕墙必须具有一定的防火性能，以满足防火规范的要求。幕墙与其周边防火分隔构件间的缝隙与楼板或隔墙外沿间的缝隙、与实体墙面洞口边缘间的缝隙等，应进行防火封堵。

（1）幕墙的防火封堵构造系统，在正常使用条件下，应具有伸缩变形能力、密封性和耐久性；在遇火状态下，应在规定的耐火时限内，不发生开裂或脱落，保持相对稳定性。

（2）幕墙防火封堵构造系统的填充料及其保护性面层材料，应采用耐火极限符合设计要求的不燃烧材料或难燃烧材料。用得较多的防火材料有矿棉（岩棉）、超细玻璃棉等。铺放高度应根据建筑物的防火等级并结合防火材料的耐火性能通过计算后确定。

（3）当建筑要求防火分区间设置通透隔断时，可采用防火玻璃，其耐火极限应符合设计要求。

（4）同一幕墙面板单元，不宜跨越建筑物的两个防火分区。

2. 防火层施工

（1）幕墙防火施工应按设计图纸的要求，在楼层之间进行防火处理。耐火极限应符合设计要求及有关标准。

（2）幕墙防火层应用 1.5mm 厚镀锌钢板做底面及侧边封闭，内衬厚 100mm 的防火棉并填充密实。安装时将镀锌钢板一边或底面固定在楼层结构上，另一侧边与幕墙横梁固定并以防火胶封缝，形成上下层防火隔断。镀锌钢板就位后应进行密封处理。楼层结构与幕墙内表面缝隙防火处理，如图 2-20、图 2-21 所示。

（3）无窗槛墙的玻璃幕墙，应在每层楼板外沿设置耐火极限不低于 1.0h、高度不低于 0.8m 的不燃烧实体裙墙或防火玻璃裙墙。

（4）当幕墙横梁与楼层不在同一标高时，防火层侧面与幕墙

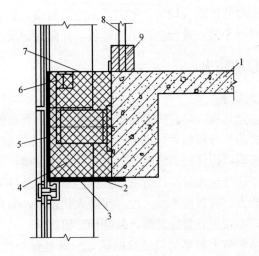

图 2-20　楼层结构与幕墙内表面缝隙防火处理结构示意图

1—楼层结构；2—镀锌钢板；3—铁丝网；4—轻质耐火材料；5—黑色非燃织品；

6—上封板支撑；7—上部铝合金板；8—室内栏杆；9—踢脚

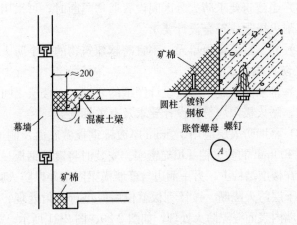

图 2-21　镀锌钢板固定示意

玻璃之间，应留有一定的空隙，一般以 5～8mm 为宜，用防火胶密封。防火密封胶应有法定检验机构的防火检验报告。

（5）幕墙与各层楼板、隔墙外沿间的缝隙，当采用岩棉或矿棉封堵时，其厚度不应小于100mm，并应填充密实。

（6）楼层间水平防烟带的岩棉或矿棉宜采用厚度不小于1.5mm的镀锌钢板承托；承托板与主体结构、幕墙结构及承托板之间的缝隙宜填充防火密封材料。

（7）防火材料应用锚钉可靠固定，防火材料应干燥，铺放应均匀、平整、连续，不得漏铺，拼接处不留缝隙，形成一个不间断的隔层。采用双层铺设时，接缝应错开。

（8）防火材料不得与幕墙玻璃直接接触。施工时，必须使轻质耐火材料与幕墙内侧锡箔纸接触部位粘结严实，不得有间隙，不得松动，并宜在幕墙后面粘贴黑色非燃织品。

（9）施工过程中，幕墙防火构造、防火节点应作隐蔽工程验收。防火材料应有产品合格证或材料耐火检验报告。

（10）施工完毕，必须检查所有的防火节点、防火隔断是否都密封严密，各层间防火隔断是否都按要求用防潮材料将矿棉等不燃烧材料包裹进行填塞，其防火隔断能否满足防火规范要求。检验一般采用观察和触摸方法，必要时可在防火节点处用火苗试验是否漏气。

（11）注胶：上、下封修板与幕墙及建筑物主体的缝隙，封修板板块间缝隙均应清洁干净，打注防火密封胶。注胶应均匀、饱满、连续、密实、无气泡。

3. 防火隔断板安装

（1）整理防火板并对位：将车间加工好的防火板对照下料单，一一分开并在各层上将防火板按顺序就位放好，以便安装，如发现有错马上通知车间及有关部位处理。

（2）试装：将就位的防火板安装在最终定位处检查其尺寸是否合适。

（3）打孔：就位后的防火板一侧固定在防火隔热横梁（或可当作防火隔断横梁）上，用拉钉固定，一侧与主体连接，用射钉固定，在安装中先在横梁钻孔，用拉钉连接钻孔时要注意对照防火板上的孔位。

（4）拉钉：选择适当的拉钉在钻好的孔处将防火板与横梁拉锚固定。注意如果拉钉不稳要重新钻孔再拉锚。

（5）就位射钉：将拉好拉钉的防火板从下向上紧靠结构定位，然后用射钉枪将防火板的另一侧钉在主体结构上。

（6）检查安装质量：防火板固定好后，要检查是否牢固，是否有孔洞需要补等现象，检查时要做好详细的检查记录，并按规定签字，整理成册。

2.3.3 幕墙保温

（1）在幕墙与各层楼板之间按设计要求将镀锌钢板固定在横框和楼板上，镀锌钢板内填充防火保温岩棉，要求填塞密实无空隙。

（2）根据设计要求幕墙保温的防火保温岩棉的安装须在幕墙面板安装前完成，但应与面板的安装相继进行。

（3）根据防火保温岩棉规格先布置胶钉位置，一般为每一块防火保温岩棉9个胶钉，胶钉粘贴于墙体外表面，且胶钉布点处表面必须清理干净，不允许有水分、油污及灰尘等，并保证安全可靠。

（4）粘贴胶钉：粘贴面清理后，用树脂胶将胶钉粘贴在胶钉布置点处，粘贴工艺严格按树脂胶工艺要求执行。挂装防火保温岩棉应铺放平整，拼接处不留缝隙。待胶钉固化后将双面铝箔岩棉抻装到胶钉上固定。

（5）矿棉毡接缝处用铝箔胶带粘贴固定。

（6）幕墙保温安装完成后，要进行验收。从安装过程到安装完，要进行质量控制，并做好记录。

2.4 幕墙防雷

2.4.1 防雷要求

幕墙是附属于主体建筑的围护结构，幕墙的金属框架一般不单独作防雷接地，而是利用主体结构的防雷体系，与建筑本身的防雷设计相结合，要求其应与主体结构的防雷体系可靠连接，并保持导电通畅。幕墙的防雷设计应符合国家现行标准《建筑物防雷设计规范》GB 50057 的有关规定。幕墙避雷系统，如图 2-22～图 2-24 所示。

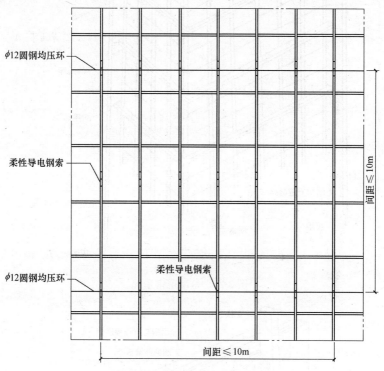

图 2-22　幕墙避雷系统示意图

（1）幕墙的金属框架应与主体结构的防雷体系可靠连接，连接部位应清除非导电保护层。

（2）幕墙与主体建筑防雷体系连接的立柱以及位于阴角、阳角处的立柱，其伸缩缝处应用金属连接片上、下导通。

（3）当铝立柱与钢件之间用绝缘材料隔离时，两者之间应用金属连接片导通。

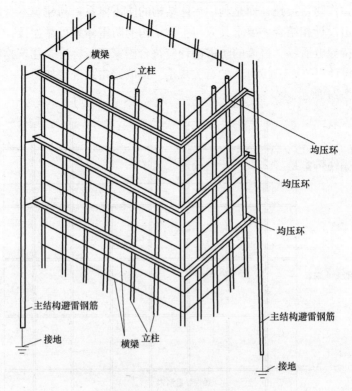

图 2-23　幕墙避雷系统

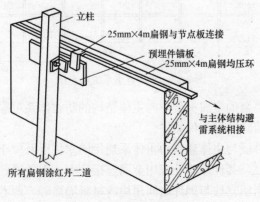

图 2-24　幕墙避雷节点

（4）单元板块幕墙中所有板块之间的接缝都应用金属连接片连通。

2.4.2 防雷措施

（1）幕墙周边的封口铝板相互搭接长度应不小于 50mm，且用铆钉固定在立柱上，铆钉间距应不大于 200mm。

（2）当幕墙设有预埋件时，预埋件应与主体结构避雷均压环可靠连接，预埋件与主体结构同步施工，要求预埋件与主体结构均压环和引下线相连，均压环主筋与预埋件锚筋之间用 $\phi12$mm 圆钢筋双面焊长度达 100mm。

（3）当幕墙未设预埋件而采用后置埋件时，每三层应沿后置埋件铺设均压环，均压环为直径 15mm 的热镀锌钢筋或圆钢。所有后置埋件应与均压环焊牢。

（4）在不大于 10m 的范围内，幕墙的铝合金立柱宜有一根采用导线上下连通，铜质导线截面积不宜小于 25mm^2，铝质导线截面积不宜小于 30mm^2。

（5）在主体建筑有水平均压环的楼层，对应导电通路立柱的预埋件或固定件应采用圆钢或扁钢与水平均压环焊接连通，形成防雷通路，焊接和连线应涂防锈漆。扁钢截面不宜小于 5mm×40mm，圆钢截面不宜小于 $\phi12$，接地电阻均应小于 4Ω，如图 2-25所示。

（6）伸缩缝和沉降缝防雷：建筑物防雷必须形成统一体系，要求在伸缩缝和沉降缝之间作跨越处理。处理方法最好是用软导管线连接断开的防雷装置，或用镀锌扁体弯成 U 型连接。

（7）兼有防雷功能的幕墙压顶板宜采用厚度不小于 3mm 的铝合金板制造，压顶板截面积不宜小于 70mm^2（幕墙高度不小于 150m 时）或 50mm^2（幕墙高度小于 150m 时）。幕墙压顶板体系与主体结构屋顶的防雷系统应有效的导通，并保证接地电阻满足要求。

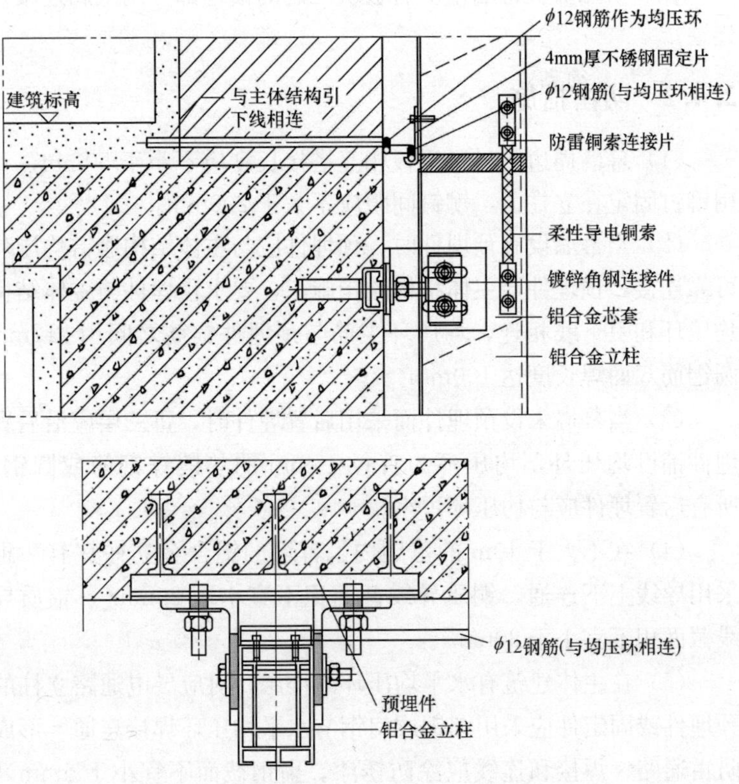
ϕ12钢筋作为均压环
4mm厚不锈钢固定片
ϕ12钢筋(与均压环相连)
建筑标高
与主体结构引
下线相连
防雷铜索连接片
柔性导电铜索
镀锌角钢连接件
铝合金芯套
铝合金立柱
ϕ12钢筋(与均压环相连)
预埋件
铝合金立柱

图 2-25　幕墙防雷连接节点示意图

（8）幕墙避雷系统的焊接部位应作可靠的防腐处理。

2.4.3　电阻测试

避雷体系安装完后应及时提交验收，并将检验结果及时作记录。

要求整体冲击接地电阻不大于 5Ω（一、二雷）、10Ω（三类）。在各均压层上连接导线部位需进行必要的电阻检测，接地电阻应小于 10Ω，对幕墙的防雷体系与主体的防雷体系之间的连接情况也要进行电阻检测，接地电阻值小于 5Ω。

检测合格后还需要质检人员进行抽检，抽检数量为 10 处，其中一处必须是对幕墙的防雷体系与主体的防雷体系之间连接的电阻检测值。如有特殊要求，需按要求处理。

所有避雷材料均应热镀锌，材质、规格经过现场检验并符合设计和规范规定。

2.5 幕墙收边收口

2.5.1 女儿墙收边

幕墙上口有女儿墙时，女儿墙收边宜采用金属板封盖，使之能遮挡风雨浸透。水平盖板（铝合金板）应按施工设计图要求，向内侧倾斜，如施工设计图未提出要求，则应向内侧倾斜 5°。其固定时，一般先将骨架固定于基层上，然后再用螺钉将盖板与骨架牢固连接，并适当留缝，用硅酮建筑密封胶密封。

女儿墙压顶应设置泛水坡度，罩板安装牢固，不松动、不渗漏、无空隙。内侧罩板下口应比女儿墙压顶梁低 100～150mm，然后水平折弯至女儿墙压顶梁侧面，罩板与女儿墙之间的缝隙应使用硅酮建筑密封胶密封。

女儿墙部位幕墙构架与防雷装置的连接节点宜明露，其连接应符合设计的规定。

如果女儿墙有很长的斜面，则收水平盖板上平面的外侧应设置 50mm 高的挡水凸台，并在斜面根部附近设置两道挡水板，用来将斜面上的雨水导向女儿墙内侧，防止因雨水溢至外幕墙产生瀑布式污染。

图 2-26 为玻璃幕墙女儿墙处节点构造。

2.5.2 室外地面或楼顶面收边

地面和楼顶面均须进行防水处理，所以，幕墙宜采用金属板

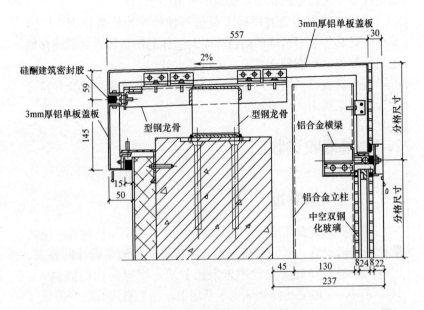

图 2-26 玻璃幕墙女儿墙处节点构造

收边至地面或楼顶面上部 250～300mm 处。可采用槽口插入式或外翻边式进行固定，地面或楼顶面做防水时，应将防水层做到金属板的下平面，确保防水质量。

2.5.3 洞口收边

当幕墙在洞口断开时，幕墙与主体建筑之间存在很大缝隙，宜采用金属板进行收边。由于密封胶与主体建筑的梁、柱不相容，洞口收边时，为了防止雨水渗漏，应在幕墙梁、柱与主体建筑之间的缝隙加注聚氨酯发泡剂密封。

2.5.4 转角处节点处理

玻璃幕墙转角处节点处理，依据建筑主体结构转角形式不同分为转阳角处理和转阴角处理。两者的处理应符合设计要求，接缝应严密。

转阳角处理：该部位所用转角铝合金型材宜采用一根铝合金型材，两个方向的玻璃组成与主体结构转角形式一样的角度。

图 2-27 为玻璃幕墙转阳角示意图。

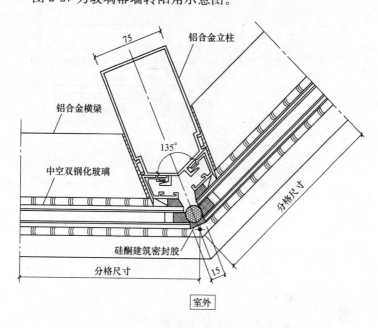

图 2-27　玻璃幕墙转阳角示意图

转阴角处理：该部位所用转角铝合金型材宜采用一根铝合金型材，两个方向的玻璃组成与主体结构转角形式一样的角度。

图 2-28 为玻璃幕墙转阴角示意图。

2.5.5　伸缩缝部位处理

当房屋有沉降缝、温度缝或防震缝时，幕墙的单元板块不应跨越主体建筑的变形缝，其与主体建筑变形缝相对应的构造缝设计应能够适应主体建筑变形的要求。

在缝的两侧各设一根立杜，用铝饰板将其连接起来，连接处

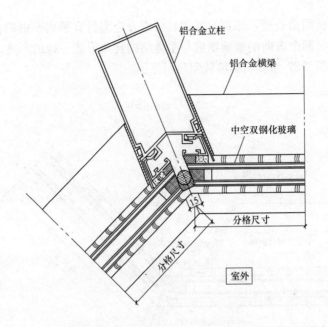

图 2-28　玻璃幕墙转阴角示意图

应双层密封处理。

图 2-29 为玻璃幕墙伸缩缝节点图。

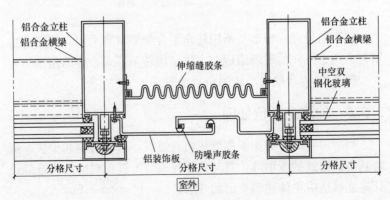

图 2-29　玻璃幕墙伸缩缝节点图

2.5.6 收口处理

收口处理是指幕墙本身一些部位的处理，使之能对幕墙的结构进行遮挡，有时幕墙在建筑物洞口内，两种材料交接处的衔接处理。

避雷系统安装，航标灯安装，亮化照明安装和其他工程安装都要在幕墙的收边板或幕墙本体上开口。为了防止雨水渗漏，除了在开口处注密封胶外，还应在伸出幕墙的安装杆上加装高 20mm 的套管，并在套管与幕墙接触处和套管内加注密封胶。

图 2-30 为立柱与主体结构收口节点图。

图 2-31 为横梁与主体结构收口节点图。

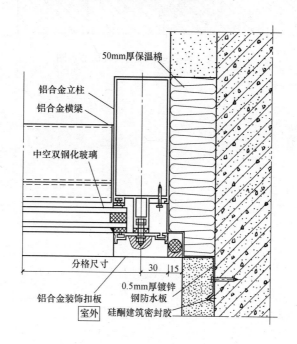

图 2-30 立柱与主体结构收口节点图

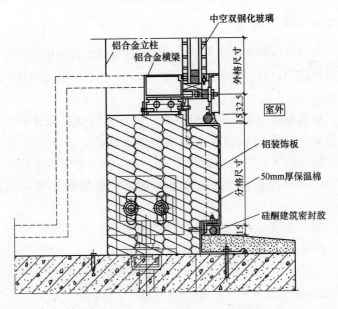

图 2-31 横梁与主体结构收口节点图

中空双钢化玻璃

铝合金立柱

铝合金横梁

外格尺寸

室外

15 32.5

铝装饰板

50mm厚保温棉

分格尺寸

硅酮建筑密封胶

15

3 构件式玻璃幕墙的安装工艺

构件式幕墙系指在主体结构上依次安装立柱、横梁和各种面板的建筑幕墙。本章仅介绍面板为玻璃的构件式玻璃幕墙安装。

3.1 构件式玻璃幕墙的分类及安装要求

3.1.1 构件式玻璃幕墙分类

构件式玻璃幕墙按其面板支承形式可分为明框玻璃幕墙、隐框玻璃幕墙、半隐框玻璃幕墙三种。

1. 明框玻璃幕墙

金属框架的构件显露于玻璃面板外表面的框支承玻璃幕墙，如图 3-1、图 3-2 所示。其按龙骨材质不同可分为型钢龙骨和铝合金型材龙骨。

（1）型钢龙骨：玻璃幕墙的龙骨采用型钢形式。铝合金框与型钢进行连接，玻璃镶嵌在铝合金框的玻璃槽内，最后用密封材料密封。

（2）铝合金型材龙骨：玻璃幕墙的龙骨采用特殊断面的铝合金挤压型材。玻璃镶嵌在铝合金挤压型材的玻璃槽内，最后用密封材料密封。

2. 隐框玻璃幕墙

金属框架的构件不显露于玻璃面板外表面的框支承玻璃幕墙，如图 3-3 所示。其中玻璃用硅酮中性结构胶预先粘贴在铝合金附框上，铝合金附框及铝合金框架均隐藏在玻璃后部，从室外侧看不到铝合金框。这种幕墙的全部荷载均由玻璃通过硅酮中性结构胶传递给铝合金框架。

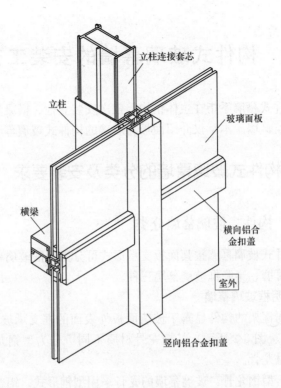

图中标注：立柱连接套芯、立柱、横梁、玻璃面板、横向铝合金扣盖、室外、竖向铝合金扣盖

图 3-1　明框幕墙节点示意

3. 半隐框玻璃幕墙

（1）横明竖隐玻璃幕墙：立柱隐藏在玻璃后部，玻璃安放在横梁的玻璃镶嵌槽内，镶嵌槽外加盖铝合金装饰盖板。玻璃的竖边用硅酮中性结构胶预先粘贴在铝合金附框上，玻璃上下两横边则固定在铝合金横梁的玻璃镶嵌槽中，外观上形成横向长条分格，如图 3-4 所示。

（2）横隐竖明玻璃幕墙：幕墙玻璃横向采用硅酮中性结构胶粘贴在铝合金附框上，然后挂在铝合金横梁上，竖向用铝合金盖板固定在铝合金立柱的玻璃镶嵌槽内，外观上形成从上到下竖向条状分格，如图 3-5 所示。

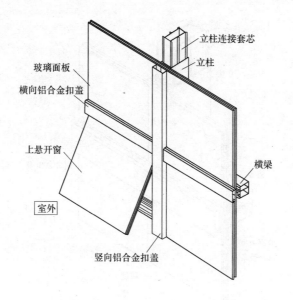

图 3-2 明框幕墙节点示意（开窗）

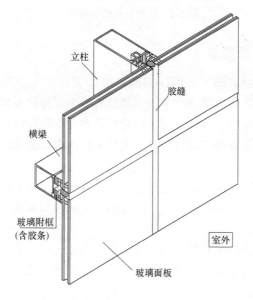

图 3-3 隐框幕墙节点示意

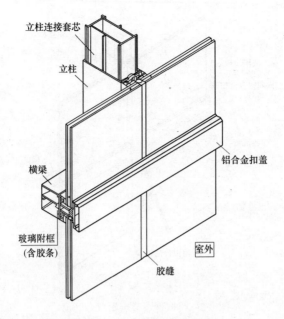

立柱连接套芯

立柱

横梁

玻璃附框
(含胶条)

立柱连接套芯

铝合金扣盖

室外

胶缝

图 3-4　横明竖隐玻璃幕墙

3.1.2　安装要求

（1）玻璃幕墙工程中使用的材料必须具备相应的出厂合格证、质保书和检验报告。进场安装的幕墙主框构件及零附件的材料、品种、规格、色泽、加工尺寸公差和性能应符合规范和设计要求。构件安装前均应进行检验和校正，不合格的构件不得安装使用。

（2）幕墙安装前，应按规定进行幕墙的风压变形性能、气密性能、水密性能和平面内变形性能的检测试验及其他设计要求的性能检测试验，并提供检测报告。

（3）预埋件位置偏差过大或未设预埋件时，应制订后置埋件施工方案或其他可靠连接方案，经业主、监理、建筑设计单位会签后方可实施。

（4）由于主体结构施工偏差超过规定而妨碍幕墙施工安装

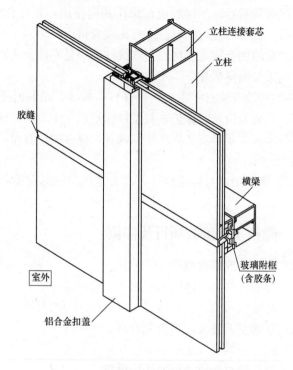

图 3-5　横隐竖明玻璃幕墙示意图

时，应会同业主、监理和土建承包方采取相应措施，并在幕墙安装前实施。

（5）幕墙的连接部位应采取措施防止产生摩擦噪声。构件式幕墙的立柱与横梁连接处应避免刚性接触，可设置柔性垫片或预留 1～2mm 的间隙，间隙内填胶。

（6）玻璃安装前应进行检查，并将表面尘土和污染物擦拭干净。除设计另有要求外，应将镀膜面朝向室外。

（7）应按规定型号选用玻璃四周的橡胶条，其长度宜比边框内槽口长 1.5％～2％。橡胶条斜面断开后，应拼成预定的设计角度，并应采用粘结剂粘结牢固。镶嵌应平整。

（8）幕墙使用的耐候胶与工程所用的铝合金型材和镀膜玻璃

47

的镀膜层必须相容。耐候胶应在保质期内使用，并有合格证明、出厂年限、批号。进口耐候胶应有商检合格证。

（9）幕墙的金属支承构件与连接件如果是不同金属，其接触面应采用柔性隔离垫片。

（10）幕墙安装过程中，构件存放、搬运、吊装时不应碰撞和损坏；半成品应及时保护；对型材保护膜应采取保护措施。构件存储时应依照幕墙安装顺序排列放置，储存架应有足够的承载力和刚度。

（11）施工中，对幕墙构件表面会造成腐蚀的粘附物等应及时清洗。

3.1.3 隐蔽工程验收项目及部位

（1）预埋件或后置埋件。

（2）幕墙构件与主体结构的连接、构件连接节点。

（3）幕墙四周的封堵、幕墙与主体结构间的封堵。

（4）幕墙变形缝及转角构造节点。

（5）隐框玻璃的板块托条及板块固定连接。

（6）明框隔热断桥处玻璃托块设置。

（7）幕墙防雷连接构造节点。

（8）幕墙的防水、保温隔热构造。

（9）幕墙防火构造节点。

3.2 测量放线及埋件处理

3.2.1 测量放线

参见上述 2.1 "幕墙施工测量放线"中相关内容。

3.2.2 幕墙预埋件检查与处理

参见上述 2.2 "预埋件安装、检查及纠偏"中相关内容。

3.3 立柱、横梁安装

3.3.1 立柱安装

1. 立柱与主体结构连接

如图 3-6 所示，立柱与主体结构之间的连接一般采用镀锌角钢（也称连接角码、连接件）与预埋件焊接或膨胀螺栓锚固的方式与主体固定，固定牢靠且能承受较高的抗拔力。

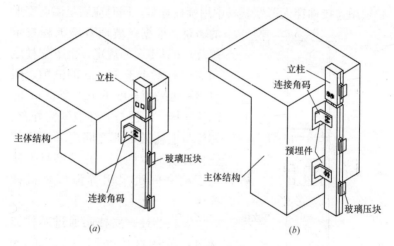

图 3-6 立柱与主体结构连接

（a）单支座；（b）双支座

固定时一般采用两根镀锌角钢，将角钢的一条肢与主体结构相连，另一条肢与立柱相连。连接件与预埋件焊接时，必须保证焊接质量。每条焊缝的长度、高度及焊条型号均须符合焊接规范要求。

连接件与主体结构上的膨胀螺栓锚固。膨胀螺栓是在连接件设置时随钻孔埋设，准确性高，机动性大，但钻孔工作量大，劳动强度高，工作较困难。如果在土建施工中安装与土建能统筹考虑，密切配合，则应优先采用预埋件。

采用膨胀螺栓时，钻孔应避开钢筋，螺栓埋入深度应能保证满足规定的抗拔能力。

角钢与立柱间的固定，宜采用不锈钢螺栓。若立柱为铝合金材质，则应在角钢与立柱之间加设绝缘垫片，以避免发生电化学腐蚀。

2. 立柱接长

高层建筑幕墙均有立柱杆件接长的工序，尤其是型铝骨架，必须用连接件穿入薄壁型材中用螺栓拧紧，同时应满足温度变形的需要。根据《玻璃幕墙工程技术规范》JGJ 102 的规定，上下立柱之间应留有不小于 15mm 的缝隙，闭口型材可采用长度不小于 250mm 的芯柱连接，芯柱与立柱应紧密配合。芯柱与上柱或下柱之间应采用机械连接方法加以固定。开口型材上柱与下柱之间可采用等强型材机械连接。

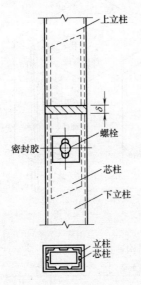

图 3-7　立柱接长

安装芯柱：立柱间通过芯柱连接时，芯柱总长度不小于 250mm（《金属与石材幕墙工程技术规范》JGJ 133 中规定芯柱总长度不应小于 400mm）。芯柱与立柱应紧密配合。芯柱与上柱或下柱之间应采用机械连接的方法固定。开口型材上柱与下柱之间可采用等强型材机械连接。

立柱接长如图 3-7 和图 3-8 所示。图中两根立柱用角钢焊成方管连接，并插入立柱空腹中，最后用 M12×90mm 螺栓拧紧。考虑到钢材的伸缩，接头应留有一定的空隙。

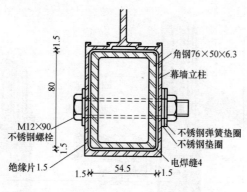

图 3-8　立柱接长构造

3. 立柱准备

检查立柱的安装孔位是否符合构件式幕墙施工设计的节点大样图。除图纸确定的现场配钻孔外，如孔位不对，应退回加工车间重新加工。

以立柱的第一排横梁孔中心线为基准，在立柱外平面上划出标高水平基准线；将立柱截面分中，在立柱外平面上划出垂直中心线。

将转接件（角码）和立柱芯套安装在立柱上，如图 3-9 所示。检查转接件是否成 90°，如果误差过大，应立即更换。如果立柱外伸长度较大，允许在立柱两侧用沉头螺钉将芯套固定，但每侧沉头螺钉数量不得少于 3 个，伸缩缝不能设在暴露位置。

4. 基准立柱安装

基准立柱是指洞口或轴线基准线两侧的第一根立柱。立柱安装应自下而上地进行，首层基准立柱的下方为地面或楼板面。将首层基准立柱安放在地面或楼板面上，上部以立柱外平面上划出的标高水平基准线和立柱中心线定位，下部用垫块调整。

当立柱外平面上的标高水平基准线和立柱中心线与放线后的立柱垂直分格钢线和水平标高钢线重合时，立即将立柱的转接件（角码）点焊到埋板上；如有误差，可用转接件（角码）在三维

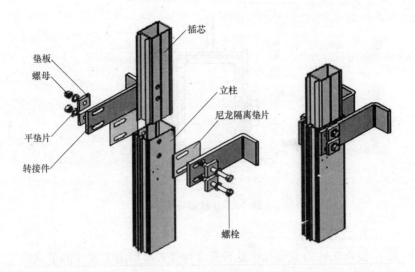

图 3-9　立柱与插芯、连接件安装

方向上调整立柱位置，直至重合。或按设计要求在角码与立柱间设置隔离垫片，垫片的面积应大于角码与立柱的接触面面积，如图 3-10 所示。

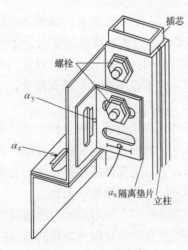

图 3-10 立柱安装

将各层基准立柱插入下一层基准立柱的芯套上，在伸缩缝处加垫片，复测下立柱的上横梁孔中心与上立柱的下横梁孔中心之间的距离是否符合分格尺寸，保证立柱上下间伸缩缝间隙符合设计要求。

5. 中间立柱安装

中间立柱安装工艺与基准立柱相同。为了减少中间立柱的积累误差，应采用分中定位安装工艺；如果分格为偶数，应先安装中间一根立柱，然后向两侧延伸；如果分格为奇数，应先安装中间一个分格的两根立柱，然后向两侧延伸。

将各层中间立柱按分中定位工艺插入下一层中间立柱的芯套上，在伸缩缝处加垫片，保证立柱上下间接缝间隙符合设计要求。

6. 立柱的调整、固定

每层立柱安装完毕后，应测量洞口尺寸和对角线是否符合质量标准，并统一调整立柱的相对位置。

立柱安装就位、调整后应及时紧固，并拆除用于立柱安装就位的临时设置。

立柱通过紧固件与每层楼板连接，如图3-11和图3-12所示。

立柱安装就位、调整后应及时紧固，并拆除用于立柱安装就位的临时设置。然后密封立柱伸缩缝。

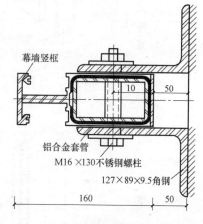

图 3-11 玻璃幕墙立柱固定节点大样

立柱全部安装完毕，并复验其间距、垂直度后，即可安装横梁。

3.3.2 横梁安装

1. 横梁与立柱的连接

幕墙横梁与立柱的连接一般通过连接件、螺栓或螺钉进行连接，连接部位应采取措施防止产生摩擦噪声，如图3-13、图3-14所示。立柱与横梁连接处应避免刚性接触，可设置柔性垫片或预留1～2mm的间隙，间隙内填胶。

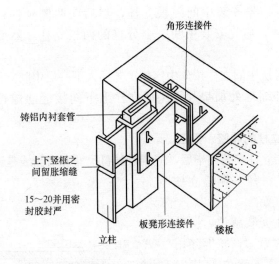

角形连接件

铸铝内衬套管

上下竖框之间留胀缩缝

15～20并用密封胶封严

立柱

板凳形连接件

楼板

图 3-12　立柱与楼层连接

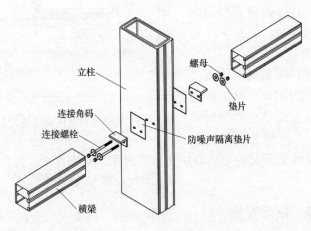

立柱

螺母

垫片

连接角码

连接螺栓

防噪声隔离垫片

横梁

图 3-13　立柱与横梁装配示意图

2. 横梁的固定方法

横梁杆件钢型材的安装，可采用焊接。焊接时，因幕墙面积较大，焊点多，要合理安排焊接顺序，防止幕墙骨架的热变形。

固定横梁也可采用螺栓连接，用一穿插件将横梁穿担在穿插

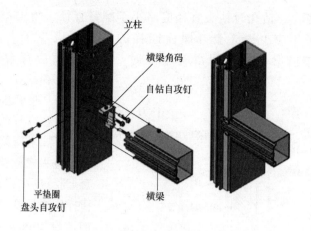

图 3-14　立柱与横梁装配示意图

件上，然后将横梁两端与穿插担件固定，并保证横梁、立柱间有一个微小间隙便于温度变化伸缩。穿插件用螺栓与立柱固定，如图 3-15 所示。

采用铝合金横立柱型材时，两者间的固定多用角钢或角铝作为连接件。角钢、角铝应各有一肢固定横立柱，如图 3-16 所示。

3. 横梁安装

（1）横梁安装应由下向上进行，先要按放线位置在立柱上标好角码固定点的位置。

（2）在立柱及横

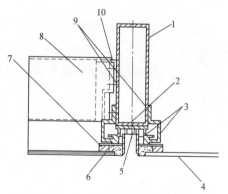

图 3-15　隐框幕墙横梁穿插连接示意

1—立柱；2—聚乙烯泡沫压条；3—铝合金固定玻璃连接件；4—玻璃；5—密封胶；6—结构胶、耐候胶；7—聚乙烯泡沫；8—横梁；9—螺栓、垫圈；10—横梁与立柱连接件梁上钻孔。钻孔时钻头直径应略小于螺钉直径。角码每端螺钉数量不应少于3个（螺栓连接的数量不应少于2个）。设计中横梁和立柱间留有空隙时，空隙宽度应符合设计要求。

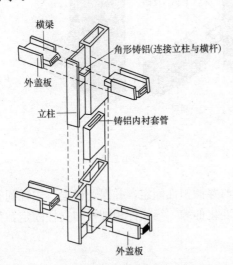

图 3-16　横梁与立柱通过角铝连接

（3）将弹性橡胶垫安装在立柱的预定位置；如果横梁两端套有防水橡胶垫，则套上胶垫后的长度较横杆位置长度稍有增加（约4mm）。安装时，可用木撑将立柱撑开，装入横梁，拿掉支撑，则将横梁胶垫压缩，这样有较好的防水效果。

（4）用螺钉（螺栓）将角码与立柱及横梁紧固。

（5）托板结构的横梁调整完后，将带弹性垫片的托板扣压到横梁的凹槽内。

（6）当安装完一层高度时，应进行检查、调整、校正和固定，使其符合质量要求。

（7）按设计要求，密封立柱与横梁的接缝间隙。

3.4　主要附件安装

3.4.1　防腐处理

焊缝、外露埋板及钢结构表面均应进行防腐处理。检查各螺丝钉的位置及焊接口，涂刷防锈油漆。

3.4.2 保温材料施工

有热工要求的幕墙，保温部分宜从内向外安装。当采用内衬板时，四周应套装弹性橡胶密封条，内衬板与构件接缝应严密；内衬板就位后，应进行密封处理。

参见2.3"幕墙防腐、防火及保温"中相关内容。

3.4.3 冷凝水排出管及附件

冷凝水排出管及附件应与水平构件预留孔连接严密，与内衬板出水孔连接处应设橡胶密封条。其他通气留槽孔及雨水排出口等应按设计施工，不得遗漏。

图3-17为在横档与水平铝框的接触处外侧安上一条铝合金披水板，以排去其上面横档下部的滴水孔下滴的雨水，起封盖与防水的双重作用。

图3-18为安设冷凝水排水管线。

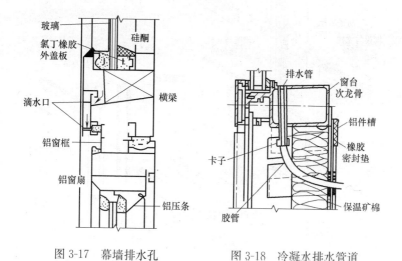

图 3-17　幕墙排水孔　　　　图 3-18　冷凝水排水管道

3.5 明框玻璃幕墙板块安装

3.5.1 玻璃固定

幕墙玻璃的安装，由于骨架结构不同的类型，玻璃固定方法也有差异。型钢骨架，因型钢没有镶嵌玻璃的凹槽，一般要用窗框过渡。可先将玻璃安装在铝合金窗框上，而后再将窗框型与型钢骨架连接。

立柱安装玻璃时，先在内侧安上铝合金压条，然后将玻璃放入凹槽内，再用密封材料密封。

横梁装配玻璃与立柱在构造上不同，横梁支承玻璃的部分呈倾斜，要排除因密封不严流入凹槽内的雨水，外侧须用一条盖板封住。

图 3-19 为明框玻璃幕墙装配示意图。

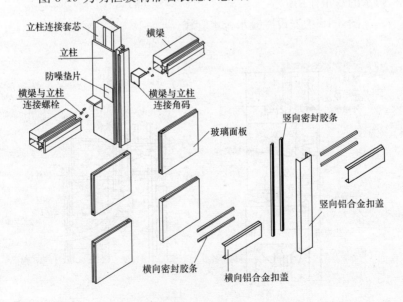

图 3-19　明框玻璃幕墙装配示意图

3.5.2　板块安装及调整

（1）隐蔽工程验收合格后方可进行幕墙面板安装。安装玻璃之前首先应进行定位画线，确定结构玻璃组件在幕墙平面上的水平、垂直位置。应在框格平面外设控制点，拉控制线控制安装的平面度和各组件的位置。

（2）检查板块编号，尺寸及外观。板块表面应干净无污物、划痕和破损。

（3）构件调整：为使结构玻璃组件按规定位置就位安装，个别超偏差较小的孔、榫、槽可适当扩孔、改榫。当发现位置偏差过大时，应对杆件系统进行调整或者重新制作。

（4）清洁：玻璃安装前应将表面尘土和污物擦拭干净。

（5）安装立柱和横梁内侧密封胶条。

（6）安装垫块：将立柱和横梁嵌槽内的杂物清除干净。在距横梁端头四分之一处各安放一块垫块，垫块的宽度与槽口相同，厚度不应小于 5mm，长度不小于 100mm。

（7）安放玻璃：安装镀膜玻璃时，镀膜面的朝向应符合设计要求。设计无要求时，应将单片阳光控制镀膜玻璃的镀膜面朝向室内，非镀膜面朝向室外。

小块玻璃可用人工直接安装。单块玻璃较大时，宜采用机械或真空吸盘将玻璃安放到分格位置上。玻璃镶嵌时与构件不得直接接触。玻璃四周与构件凹槽底应保持一定空隙，每块玻璃下部应设不少于两块硬橡胶定位垫块。

玻璃两边嵌入量及空隙应符合设计要求。托板结构的将玻璃板块安放到托板上。

（8）安装横梁外侧橡胶，密封条。

（9）镶嵌密封条：玻璃四周橡胶条应按规定型号选用，镶嵌应平整，橡胶条长度宜比边框内槽口长 1.5%～2%，其断口应留在四角；斜面断开后应拼成预定的设计角度，并应用胶粘剂粘结牢固后嵌入槽内，镶嵌应平整。

1）穿条式隔热条构造，如图 3-20 所示。两根隔热条之间的距离（d_0）应可穿过压板螺栓。

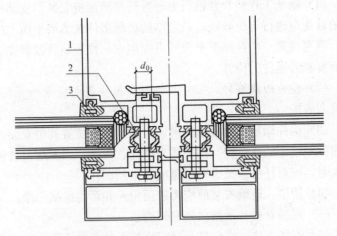

图 3-20 明框双肢隔热条构造示意图

1—立柱；2—隔热条；3—密封胶条

2）浇注式隔热条构造，如图 3-21 所示。

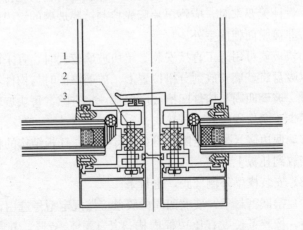

图 3-21 明框单肢隔热条构造示意图

1—立柱；2—隔热条；3—密封胶条

3.5.3　安装开启扇

按设计要求安装幕墙上的开启窗。安装过程中，应特别注意堆放和搬运的安全，保护好玻璃的表面质量，如有划伤和损坏应及时进行更换。

3.5.4　装饰扣盖的安装

明框幕墙玻璃安装完毕后，即可进行扣盖安装。安装前，先选择相应规格和长度的内、外扣盖进行编号。安装时应防止扣盖的碰撞、变形。同一水平线上的扣盖应保持其水平度与直线度。将内外扣盖由上向下安装。

安装立柱压板和外罩板：在压板上钻孔，再安装橡胶密封条，然后将立柱压板安装在立柱上，最后扣上外罩板。

按设计要求安装立柱和横梁内罩板，安装幕墙沉降缝、防震缝、伸缩缝和封口封板。

3.6　隐框玻璃幕墙板块安装

3.6.1　外围护结构组件安装

在立柱和横梁安装完毕后，就开始安装外围护结构组件。在安装前，要对外围护结构件进行检查，其结构胶固化后的尺寸要符合设计要求，胶缝应饱满平整、连续光滑，玻璃表面不应有超标准的损伤及脏物。

外围护结构件的安装主要有外压板固定式、内勾块固定式，如图 3-22 所示。

在外围护结构组件固定前，要逐块调整好组件相互间的齐平及间隙的一致。板间表面的齐平采用刚性的直尺或铝方通料来进行测定，不平整的部分应调整固定块的位置或加入垫块。

为了板间间隙的一致，可采用类似木质的半硬材料制成标准尺寸的模块，插入两板间的间隙，以确保间隙一致。插入的模块，在组件固定后应取走，以保证板间有足够的位移空间。

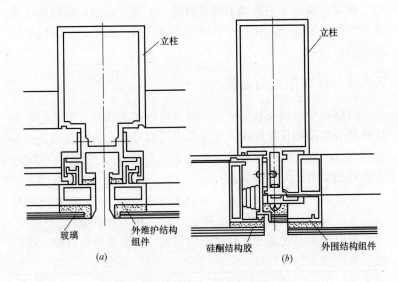

图 3-22　外围护结构组件安装形式

（a）内勾块固定式；（b）外压板固定式

3.6.2　玻璃板块安装

（1）构件调整：安装玻璃之前首先应进行定位画线，确定结构玻璃组件在幕墙平面上的水平、垂直位置。应在框格平面外设控制点，并拉控制线控制安装的平面度和各组件的位置。

为使结构玻璃组件按规定位置就位安装，对个别超偏差较小的孔、榫、槽可适当扩孔、改榫。当发现位置偏差过大时，应对杆件系统进行调整或者重新制作。

（2）清洁：玻璃安装前应将表面尘土、污染物擦拭干净。

（3）安放玻璃：热反射玻璃安装应将镀膜面朝向室内，非镀膜面朝向室外。

小块玻璃可用人工直接安装。单块玻璃较大时，宜采用机械或真空吸盘将玻璃安放到分格位置上。

将板块的上边框插入横梁的嵌槽内，同时向上移动板块直到板块下边框平稳地放置在横梁的挂钩上，调整位置，无误后拧紧立柱上固定压块的螺钉。

（4）固定勾压件：对预先通过螺栓临时连接在立柱和横梁上的勾压件（这种勾压件的螺栓螺母端通常放置在立柱和横梁的凹槽内），应将其调整至设计位置，勾压在玻璃板块的副框上，拧紧螺栓使其紧固。

后置勾压件连接的玻璃板块，在构件调整完时，应按设计位置在立柱及横梁上钻孔，钻孔时钻头直径应略小于螺钉直径。玻璃板块调正后，将勾压块放到钻孔位置，紧固螺钉，螺钉的数量应符合设计要求。玻璃在框体上的安装，如图 3-23 所示。

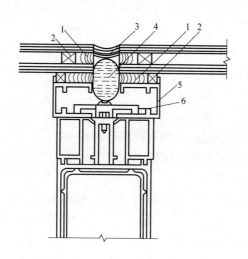

图 3-23　玻璃在框体上的安装
1—硅酮结构密封胶；2—垫条；3—建筑密封胶；
4—泡沫棒；5—铝合金框；6—勾压件

（5）安装托条：隐框或横向半隐框玻璃幕墙，每个分格块的玻璃下端宜设两个铝合金或不锈钢托条。其长度不应小于

100mm，厚度不应小于2mm，高度不应露出玻璃外表面。

玻璃板块固定后，按设计位置在横梁上钻孔（有的需在玻璃板块的副框及横梁上同时钻孔），然后将托条用螺钉紧固在横梁上。托条与玻璃板块之间应加设弹性垫片，接触应严密。

3.7 幕墙收边收口及注胶密封

3.7.1 幕墙收边收口

女儿墙收边、室外地面或楼顶面收边、洞口收边、转角处节点处理、伸缩缝部位处理、收口处理参见2.5"幕墙收边收口"中相关内容。

3.7.2 注胶密封

玻璃板块安装调整好后，注胶前先将玻璃、铝材及耐候胶进行相容性实验，如出现不相容现象，必须先刷底漆，在确认完成相容后再进行注胶。

（1）明框、隐框玻璃幕墙玻璃板块与主体结构间缝隙及封修金属板板块间的缝隙，均须按设计要求注胶。

硅酮建筑密封胶在接缝内应形成两面粘结，不应形成三面粘结，如图3-24所示。

（2）注胶前，安装好各种附件，保证密封部位的清扫和干燥，宜采用双布净化法，将丙酮或二甲苯溶剂倒在一块干净小布上，单向擦拭幕墙胶缝。并在溶剂未挥发前，再用另一块干净小布将溶剂擦拭干净。用过的棉布不能重复使用，应及时更换。

（3）在接缝间隙填充泡沫条不宜用手随意填充，应用限位器控制填充深度，保证胶缝厚度为5～6mm。泡沫条宜用矩形截面，宽度尺寸应比胶缝宽2mm，不得使用小泡沫条绞成麻花状填充胶缝。

（4）在接缝间隙两边贴保护胶纸粘贴时，用左手将保护胶纸

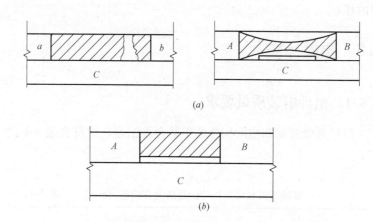

图 3-24　硅酮建筑密封胶施工方法

（a）不正确建筑密封胶施工方法三面粘结，
受拉力，易被拉裂；（b）正确建筑密封胶施工方法较浅板缝建筑
密封胶施工方法（C 面用无粘结胶带分开）

的一端粘在玻璃上，使保护胶纸的一边与玻璃边缘齐平，右手将保护胶纸尽可能拉直、拉长并与玻璃边缘齐平，然后用左手从上到下或从左至右地将保护胶纸粘贴在玻璃边缘上。如果有弯曲或歪斜，应拉开重贴。

（5）胶缝注胶时，应保持胶体的连续性，防止气泡和夹渣，如图 3-25 所示。一旦发现气泡应挖掉重注。

为了增加胶缝弹性，胶缝表面宜成凹面弧形，凹面深度应小于 1mm。

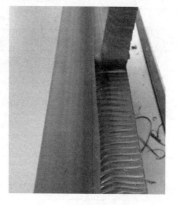

图 3-25　结构胶无气泡无杂质

（6）表面清理：注胶结束后，应及时撕去保护胶纸，将废保护胶纸放入容器内，不得随地乱丢。被污染的玻璃表面，应用刮

刀清理。

3.8 质量标准

3.8.1 组件组装质量要求

（1）幕墙竖向和横向构件的组装允许偏差，应符合表 3-1 的要求。

幕墙竖向和横向构件的组装允许偏差（mm）　　表 3-1

项目	尺寸范围	允许偏差(不大于)		检测方法
		铝构件	钢构件	
相邻两竖向构件间距尺寸(固定端头)	—	±2.0	±3.0	钢卷尺
相邻两横向构件间距尺寸	间距≤2000mm	±1.5	±2.5	钢卷尺
	间距＞2000mm	±2.0	±3.0	
分格对角线差	对角线长≤2000mm	3.0	4.0	钢卷尺或伸缩尺
	对角线长＞2000mm	3.5	5.0	
竖向构件垂直度	高度≤30m	10	15	经纬仪或铅垂仪
	高度≤60m	15	20	
	高度≤90m	20	25	
	高度≤150m	25	30	
	高度＞150m	30	35	
相邻两横向构件的水平高差	—	1.0	2.0	钢板尺或水平仪
横向构件水平度	构件长≤2000mm	2.0	3.0	水平仪或水平尺
	构件长＞2000mm	3.0	4.0	
竖向构件直线度	—	2.5	4.0	2m靠尺

66

项目	尺寸范围	允许偏差(不大于)		检测方法
		铝构件	钢构件	
竖向构件外表面平面度	相邻三立柱	2	3	经纬仪
	宽度≤20m	5	7	
	宽度≤40m	7	10	
	宽度≤60m	9	12	
	宽度>60m	10	15	
同高度内横向构件的高度差	长度≤35m	5	7	水平仪
	长度>35m	7	9	

（2）结构胶完全固化后，隐框玻璃幕墙玻璃组件的尺寸偏差应符合表 3-2 的要求。

隐框玻璃幕墙玻璃组件的尺寸偏差（mm）　　表 3-2

项目	尺寸范围	允许偏差	检测方法
框长宽尺寸	—	±1.0	钢卷尺
组件长宽尺寸	—	±2.5	钢卷尺
框接缝高度差	—	≤0.5	深度尺
框内侧对角线差及组件对角线差	长边≤2000	≤2.5	钢卷尺
	长边>2000	≤3.5	
框组装间隙	—	≤0.5	塞尺
胶缝宽度	—	+2.0 / 0	卡尺或钢板尺
胶缝厚度	≥6	+0.5 / 0	卡尺或钢板尺
组件周边玻璃与铝框位置差	—	≤1.0	深度尺
组件平面度	—	≤3.0	1m靠尺
组件厚度	—	±1.5	卡尺或钢板尺

注：摘自现行国家标准《建筑幕墙》GB/T 21086—2007。

（3）幕墙组装就位后允许偏差应符合表3-3的要求。

幕墙组装就位后允许偏差（mm）　　　　表3-3

项目		允许偏差	检测方法
竖缝及墙面垂直度（幕墙高度 H）	$H{\leqslant}30\text{m}$	${\leqslant}10$	激光仪或经纬仪
	$30\text{m}{<}H{\leqslant}60\text{m}$	${\leqslant}15$	
	$60\text{m}{<}H{\leqslant}90\text{m}$	${\leqslant}20$	
	$90\text{m}{<}H{\leqslant}150\text{m}$	${\leqslant}25$	
	$H{>}150\text{m}$	${\leqslant}30$	
幕墙平面度		${\leqslant}2.5$	2m靠尺、钢板尺
竖缝直线度		${\leqslant}2.5$	2m靠尺、钢板尺
横缝直线度		${\leqslant}2.5$	2m靠尺、钢板尺
缝宽度（与设计值比较）		±2	卡尺
两相邻面板之间接缝高低差		${\leqslant}1.0$	深度尺

（4）幕墙的附件应齐全并符合设计要求，幕墙和主体结构的连接应牢固可靠。

（5）幕墙开启窗应符合设计要求，安装牢固可靠，启闭灵活。

（6）幕墙外露框、压条、装饰构件、嵌条、遮阳板等应符合设计要求，安装牢固可靠。

3.8.2 外观质量

（1）玻璃幕墙表面应平整，外露表面不应有明显擦伤、腐蚀、污染、斑痕。

（2）每平方米玻璃的表面质量应符合表3-4要求。

每平方米玻璃的表面质量　　　　表3-4

项目	质量要求	检测方法
0.1～0.3mm 宽度划伤痕	长度<100mm；不超过8条	观察
擦伤总面积	${\leqslant}500\text{mm}^2$	钢直尺

注：摘自现行国家标准《建筑幕墙》GB/T 21086—2007。

（3）一个分格铝合金型材表面质量应符合表 3-5 要求。

一个分格铝合金型材表面质量　　　　　表 3-5

项目	质量要求	检测方法
擦伤、划伤深度	不大于处理膜层厚度的 2 倍	观察
擦伤总面积	不大于 500mm²	钢直尺
划伤总长度	不大于 150mm	钢直尺
擦伤和划伤处数	不大于 4 处	观察

注：摘自现行国家标准《建筑幕墙》GB/T 21086—2007。

（4）玻璃幕墙的外露框、压条、装饰构件、嵌条、遮阳板等应平整。

（5）幕墙面板接缝应横平竖直，大小均匀，目视无明显弯曲扭斜，胶缝外应无胶渍。

4 单元式玻璃幕墙的安装工艺

单元式幕墙系指由各种墙面板与支承框架在工厂制成完整的幕墙结构基本单位，直接安装在主体结构上的建筑幕墙。单元体幕墙将幕墙的龙骨、面材及各种材料在工厂组装成一个完整的幕墙结构基本单位，运至施工现场，然后通过吊装，直接安装在主体结构上，通过板块间的插接配合以达到建筑外墙的各项性能要求。单元式幕墙的单板块高度一般为楼层高度，宽度在 1.2～1.8m 左右，可直接固定在楼层上，安装方便。

本章介绍面板材料为玻璃的单元式玻璃幕墙的安装工艺。

4.1 一般规定

4.1.1 安装要求

（1）单元式幕墙的主体结构，应符合有关结构施工质量验收规范的要求。

（2）玻璃幕墙工程中使用的材料必须具备相应的出厂合格证、质保书和检验报告。进场安装的单元式幕墙主框构件及零附件的材料、品种、规格、色泽、加工尺寸公差和性能应符合设计要求。不合格的构件不得安装使用。

（3）单元式幕墙，单元间采用对插式组合构件时，纵横缝相交处应采取防渗漏封口构造措施。

（4）预埋件位置偏差过大或未设预埋件时，应制订补救措施或可靠连接方案，经业主、监理、建筑设计单位洽商同意后方可实施。

（5）由于主体结构施工偏差过大而妨碍单元式幕墙安装施工

时，应会同业主和主体结构承包方采取相应措施，并在幕墙安装前实施。

（6）在单元式幕墙安装过程中，注意幕墙型材及板块的保护，及时清除幕墙型材、板块表面上的水泥砂浆及密封胶。

（7）按设计图纸要求，在楼层之间进行防火处理。耐火极限应符合合同要求及有关标准。

4.1.2 隐蔽工程验收项目及部位

（1）预埋件或后置埋件。

（2）连接件与主体结构的连接。

（3）单元板挂件与连接件的安装。

（4）单元板块顶部的过桥连接板安装。

（5）幕墙的防火构造节点。

（6）幕墙的防雷连接构造节点。

（7）幕墙四周的封堵、幕墙与主体结构间的封堵。

4.2 测量放线及埋件处理

4.2.1 测量放线

参见 2.1 "幕墙施工测量放线" 中相关内容。

4.2.2 埋件安装、检查及纠偏

参见 2.2 "预埋件安装、检查及纠偏" 中相关内容。

4.2.3 转接件安装

单元式幕墙的转接件是指与单元式幕墙组件相配合，安装在主体结构上的转接件，它与单元板块上的连接构件对接后，按定位位置将单元板块固定在主体结构上，它们是一组对接构件，有严格的公差配合要求。

转接件与预埋件如果是不同的金属，则接触面间需加绝缘隔离垫。埋件与框体间通常采用钢角码做连接件。

（1）转接件安装前，首先必须检查预埋件平面位置及标高，同时要将施工误差较大的预埋件处理，调整到允许范围内才能安装转接件。对工程整体进行测绘控制线，依据轴线位置的相互关系将十字中心线弹在预埋件上，作为安装支座的依据。

（2）当埋件与框体间采用钢角码直接连接时，应按弹线位置将两支角码顺次焊接到埋板上。焊缝应符合设计要求，焊接要牢固。角码的水平度和垂直度应符合设计要求。

（3）当埋件与框体间采用三维可调连接件时（图 4-1）应先将支撑角码焊接到埋板上，然后安装 a_z 方向角码，最后安装 a_y、a_x 方向角码。支撑角码与 a_z 方向角码，及 a_z 方向角码与 a_y、a_x 方向角码间通过螺栓进行连接，且螺栓应有防松脱措施。图 4-2、图 4-3 为立框与连接件装配示意图。

（4）当幕墙与主体结构间设置有过渡钢桁架时，先将钢桁架

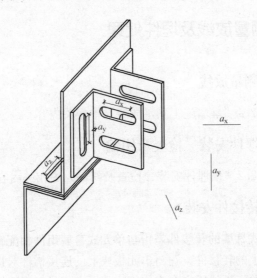

图 4-1　埋件与框体间连接件（支座）安装

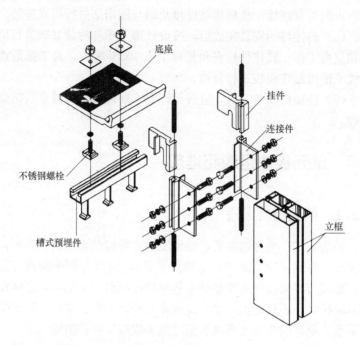

图 4-2　立框与连接件装配示意图（一）

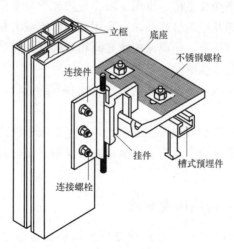

图 4-3　立框与连接件装配示意图（二）

与埋板间可靠连接，然后再将连接角码与钢桁架进行可靠连接。

（5）转接件的安装完成后，按设计施工图和测量基础进行检查和复核工作，转接件检查和复核工作100％覆盖，对于弧形或曲线平面可制作模板进行复核。

（6）连接件安装完后，应按设计要求对埋板及焊缝进行防腐处理。

4.3 单元板块运输和堆放

4.3.1 单元板块运输

幕墙由工厂整樘组装后，要经质检人员检验合格后，方可运往现场。幕墙必须采取立运（切勿平放），应用专用车辆进行运输。幕墙与车架接触面要垫好毛毡减振、减磨，上部用花篮螺栓将幕墙拉紧。不规范的运输会造成单元板块变形、破碎，影响单元幕墙质量，因此单元板块运输时应采取以下保护措施。

（1）单元板块运输前应顺序编号，并应做好成品保护。单元板块应按顺序摆放平稳、牢固，减小板块或型材变形。

（2）装卸及运输过程中，应采用有足够承载力和刚度的周转架、衬垫或弹性垫，使单元板块之间相互隔开并相对固定，防止划伤、相互挤压和窜动。

（3）超过运输允许尺寸的单元板块和异形板块，应采取特殊措施。

（4）单元板块应顺序摆放平稳，不应造成板块或型材变形。

（5）运输过程中，应采取措施减小颠簸并做好防止天气变化的准备措施。

4.3.2 单元板块场内堆放

（1）运到工地后，首先检查单元板块在运输途中是否有损坏，数量、规格是否有错，检查单元板是否有出厂合格证，单元板块的标志是否清晰。以上条件满足后，再对每个单元板块进行复检，尺寸误差是否在公差范围内，单元板块的转接定位块的高度要作为重点进行检查。

（2）单元板块宜设置专用堆放场地，并应有安全保护措施。短期露天存放时，应采取防水、防火和遮阳措施。

图 4-4　单元板块存放

（3）不应直接叠层堆放，宜存放在周转架上，防止单元板块因重力作用造成变形或损坏，如图 4-4 所示。

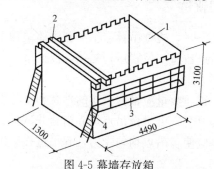

图 4-5　幕墙存放箱

1—箱件（角钢骨架焊 δ＝1mm 钢板）；

2—100×100 方木两侧钉橡胶板；

3—操作平台；4—铁梯

（4）单元板块存放时应依照安装顺序先出后进的原则排列放置，防止多次搬运对单元板块造成损坏、变形，保证幕墙质量。

（5）幕墙运到现场后，有条件的应立即进行安装就位。否则，应将幕墙存放箱中，如图 4-5 所示。也可用脚手架木支搭临时存放，但必须用苦布遮盖。

4.4　单元板块安装及调整

4.4.1　吊装机具准备

（1）应根据单元板块的规格、重量及安装方法选择适当的吊装机具，附着式吊装机具应与主体结构可靠连接。

（2）安装单元板块的吊装机具应进行专门设计。吊装机具的承载能力应大于板块吊装施工中各种荷载和作用组合的设计值。

（3）应对吊装机具安装位置的主体结构承载能力进行校核。吊装机具应与主体结构可靠连接，并有限位、防止脱轨或防倾覆设施。

（4）吊装前应对吊装机具进行全面的质量、安全检验。

（5）应采取有效措施，使板块在垂直运输和吊装过程中减小摆动。

（6）吊具运行速度应可控制，并有安全保护措施；吊装机具上应设置防止板块坠落的保护设施。

4.4.2 单元板块起吊和就位

（1）单元板块起吊和就位时，检查吊具、吊点和主体结构上的挂点，是安全需要。对吊点数量、位置进行复核，保证单元吊装的准确性、可靠性。

（2）板块上的吊挂点位置、数量应根据板块的形状和重心设计，吊点不应少于 2 个。必要时，可增设吊点加固措施并试吊。

（3）起吊单元板块时，应使各吊点均匀受力，起吊过程应保持单元板块平稳。

（4）吊装升降和平移过程中应保持单元板块不摆动、不撞击其他物体；吊装过程应采取保证装饰面不受磨损和挤压的措施。

（5）单元板块就位时，应先将其挂到主体结构的挂点上，板块未固定前，吊具不得拆除。

（6）实施吊装作业时，起吊物料的重量不应超过吊具起重重量和接料平台的承载能力。

（7）楼层上设置的接料平台应进行专门设计，接料平台的承载能力应大于板块、周转架的最大自重以及搬运人员体重和其他施工荷载的组合设计值。同时，能承受承料台所承受水平荷载的分力。接料平台的周边应设置防护栏杆。

（8）幕墙吊装应由下逐层向上进行。

4.4.3　高层区单元板块的吊装

借用外悬吊机将一批次的单元板块从地面平稳提升吊送至卸料平台的上方，如图 4-6 所示。

配合使用安全牵引设备，将单元板块架平稳落放于卸料平台之上，如图 4-7 所示。

搬运工人将单元板块推入楼层内存放。卸料平台一般每 5 层搭设一次，每 5 层的单元板块吊运至同层的楼面内进行存放，如图 4-8 所示。

图 4-6　单元板块吊运至卸料平台　　图 4-7　单元板块卸料至卸料平台

4.4.4　板块安装

（1）幕墙与幕墙之间的间隙，用 V 形和 W 形橡胶带（图 4-9）封闭，吊装前需将幕墙之间的 V 形和 W 形防风橡胶带暂时铺挂外墙面上。幕墙起吊就位时，应在幕墙就位位置的下层设人

图 4-8　单元板块推入楼层内存放

监护，上层要有人携带螺钉、减振橡胶垫和扳手等准备紧固。

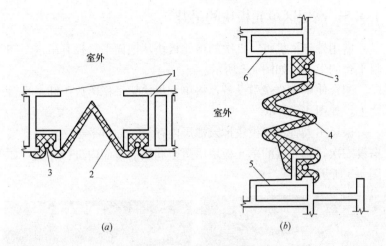

图 4-9　胶带使用示意

(a) 竖缝构造；(b) 横缝构造

1—左右单元；2—V 形胶带；3—橡胶棍；4—W 形胶带；5—下单元；6—上单元

胶带两侧的圆形槽内，用一条 φ6mm 圆胶棍将胶带与铝框固定。胶带遇有垂直和水平接口时，可用专用热压胶带电炉将胶带加热后压为一体。

塞圆形胶棍时，为了润滑，可用喷壶在胶带上喷硅油（冬季）或洗衣粉水（夏季）。

全部塞胶带和热压接口工作基本在室内作业，但遇到无窗口墙面（如在建筑物的内、外拐角处），则需在室外乘电动吊篮进行。

（2）幕墙吊至安装位置时，幕墙下端两块凹形轨道插入下层已安装好的幕墙上端的凸形轨道内，将螺钉通过牛腿孔穿入幕墙螺孔内，螺钉中间要垫好两块减振橡胶圆垫。

（3）幕墙上方的方管梁上焊接的两块定位块，坐落在牛腿悬挑出的长方形橡胶块上，用两个六角螺栓固定，如图 4-10 所示。

（4）幕墙吊装就位后，通过紧固螺栓、加垫等方法进行水

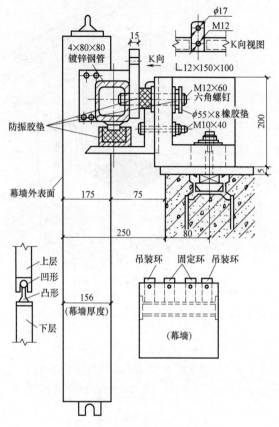

图 4-10　幕墙安装就位示意图

平、垂直、横向三个方向调整，使幕墙横平竖直，外表一致。

单元板块三维调整，如图 4-11 所示。

通过槽式预埋件和转接件对幕墙的进出及左右方向位置进行调整。

用预制在单元挂件中的紧定螺钉调整单元板块高度，顺时针旋转板块上升，逆时针旋转板块下降。

调整完毕，每个单元用不锈钢自攻自钻钉单侧将握手挂件与转接件固定在一起。

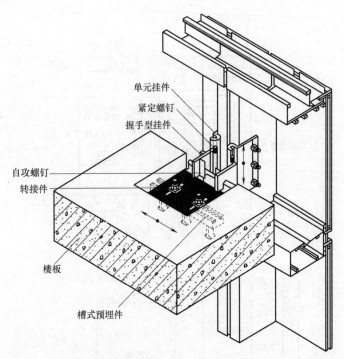

单元挂件
紧定螺钉
握手型挂件
自攻螺钉
转接件
楼板
槽式预埋件

图 4-11　单元板块三维调整示意图

符号 ←――•―→ 为调整方向示意

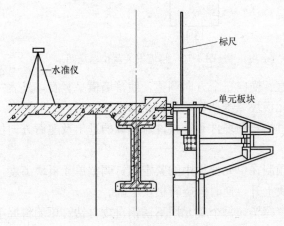

标尺
水准仪
单元板块

图 4-12　幕墙标高检查

（5）单元板块就位后，应及时校正；对单元板块的标高以及缝宽进行检查，相邻两个单元板块的标高差小于 1mm，缝宽允许±1mm，操作如图 4-12 所示。

（6）单元板块校正后，应及时与连接部位固定，并应进行隐蔽工程验收。

（7）单元板块固定后，方可拆除吊具，并应及时清洁单元板块的型材槽口。

（8）施工中如果暂停安装，应将对插梢口等部位进行保护；安装完毕的幕墙单元应及时进行成品保护。

4.5　主要附件安装

4.5.1　防腐处理

参见上述 2.3 中相关内容。

4.5.2　防雷装置

按设计要求安装防雷装置，防雷装置应通过转接件与主体结构的防雷系统可靠连接。

防雷装置安装要求、安装措施、接地电阻测试参见上述 2.5 中相关内容。

4.5.3　层间防火

按设计要求进行层间防火。对每个防火节点应进行隐蔽验收，并做好记录。

安装过程中要注意对玻璃、铝板、铝材等成品的保护，以及内装饰的保护。

防火材料铺装参见上述 2.3 中相关内容。

4.5.4　保温、隔潮措施

保温材料铺装参见上述 2.3 中相关内容。

4.6　幕墙收边收口及注胶密封

4.6.1　幕墙收边收口

参见上述 2.5 中相关内容。

4.6.2　注胶密封

单元式幕墙的标高符合要求后，首先清洁槽内的垃圾，然后进行防水压盖的安装。先用清洁剂将单元式幕墙擦拭干净，再进行打胶工序，打胶一定要连续饱满，然后进行刮胶处理，打胶完毕后，待硅胶表干后进行渗水试验，合格后，再进行下道工序。

单元式玻璃幕墙玻璃板块间缝隙，单元式玻璃幕墙玻璃板块与主体结构间缝隙及封修金属板板块间的缝隙，均须按设计要求注胶。

（1）缝隙填充：需注胶的缝隙内应填充发泡材料，较深的缝隙通常采用聚乙烯泡沫棒，较浅的缝隙按设计要求填充。填充材料距板块表面的尺寸应符合设计要求，接缝宜采用粘结剂粘结严密。

（2）贴保护膜：注胶前应在可能被污染的区域粘贴保护膜，胶面修整完后，应立即将保护膜拆掉。

（3）清洁粘结面：清洁用布应采用干净、柔软、不脱毛的白色或原色棉布。清洁时，必须将清洁剂倒在清洁布上，不得将布蘸入盛放清洁剂的容器中，以免污染溶剂。

清洁时，采用"两次擦"工艺进行清洁，即用带溶剂的布顺一方向擦拭后，用另一块干净的干布擦去未挥发的溶剂、松散物、尘埃、油渍和其他脏物，第二块布脏后应立即更换。

清洁时，已清洁的部位不应再与手或其他污染源接触，否则要重新清洁，清洁后的基材应在短时间内注胶，否则要进行第二次清洁。

（4）注胶：胶缝清洁后，应尽快注胶。同一板块的一条缝注胶时应单向注，垂直注胶时，应自下而上注。注胶应连续、均匀、饱满、密实、无气泡。硅酮建筑密封胶的施工厚度应大于3.5mm，施工宽度不宜小于施工厚度的2倍。

注胶后，在胶固化前，应将节点胶缝修平，同时将整体胶面刮平。

4.7 质量标准

4.7.1 单元部件和单板组件的装配要求

单元部件和单板组件装配尺寸允许偏差应符合表 4-1 的要求。

单元部件和单板组件装配尺寸允许偏差（mm）　　表 4-1

项目	尺寸范围	允许偏差	检测方法
部件(组件)长度、宽度尺寸	≤2000	±1.5	钢直尺
	＞2000	±2.0	
部件(组件)对角线长度差	≤2000	≤2.5	钢直尺
	＞2000	≤3.5	
结构胶胶缝宽度	—	+1.0 0	卡尺或钢直尺
结构胶胶缝厚度	—	+0.5 0	卡尺或钢直尺
部件内单板间接缝宽度（与设计值比）	—	±1.0	卡尺或钢直尺
相邻两单板接缝面板高低差	—	≤1.0	深度尺
单元安装连接件水平、垂直方向装配位置	—	±1.0	钢直尺或钢卷尺

注：摘自现行国家标准《建筑幕墙》GB/T 21086—2007。

4.7.2 组件组装质量要求

（1）单元锚固连接件的安装位置允许偏差为±1.0mm。

（2）插接型单元部件之间应有一定的搭接长度，竖向搭接长度不应小于10mm，横向搭接长度不应小于15mm。

（3）单元连接件和单元锚固连接件的连接应具有三维可调节性，三个方向的调整量不应小于20mm。

（4）单元部件间十字接口处应采取防渗漏措施。

（5）单元式幕墙的通气孔和排水孔处应采用透水材料封堵。

（6）单元部件组装就位后幕墙的允许偏差应符合表4-2的要求。

单元式幕墙组装就位后允许偏差　　　　　　　　　　表4-2

项目		允许偏差(mm)	检测方法
墙面垂直度 （幕墙高度 H）	$H \leqslant 30\text{m}$	$\leqslant 10$	经纬仪
	$30\text{m}<H \leqslant 60\text{m}$	$\leqslant 15$	
	$60\text{m}<H \leqslant 90\text{m}$	$\leqslant 20$	
	$90\text{m}<H \leqslant 150\text{m}$	$\leqslant 25$	
	$H>150\text{m}$	$\leqslant 30$	
墙面平面度		$\leqslant 2.5$	2m靠尺
竖缝直线度		$\leqslant 2.5$	2m靠尺
横缝直线度		$\leqslant 2.5$	2m靠尺
单元间接缝宽度（与设计值比）		± 2.0	钢直尺
相邻两单元接缝面板高低差		$\leqslant 1.0$	深度尺
单元对插配合间隙（与设计值比）		$+1.0$ 0	钢直尺
单元对插搭接长度		± 1.0	钢直尺

注：摘自现行国家标准《建筑幕墙》GB/T 21086—2007。

4.7.3 外观质量

（1）面板外观质量应符合"构件式玻璃幕墙"中相关要求。

（2）幕墙外露表面耐候胶应与面板粘接牢固。

（3）幕墙面板接缝应横平竖直，大小均匀，目视无明显弯曲扭斜，胶缝外应无胶渍。

5   点支承玻璃幕墙的安装工艺

点支承玻璃幕墙系指由玻璃面板、点支承装置和支承结构构成的建筑幕墙。

幕墙玻璃采用不锈钢驳接爪固定，不锈钢驳接爪焊接在型钢龙骨上。幕墙玻璃的四角在玻璃生产厂家加工好 4 个与不锈钢驳接爪配套的圆孔，每个爪件与 1 块玻璃的 1 个孔位相连接，即 1 个不锈钢驳接爪同时与 4 块玻璃相连接，或者 1 块玻璃固定在 4 个不锈钢驳接爪上，如图 5-1 所示。

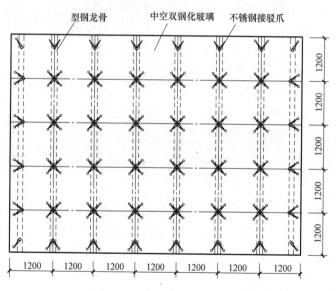

图 5-1   点支承玻璃幕墙大样图

常见的支承结构体系，如图 5-2 所示。

图 5-2（a）钢结构系统：由单根钢梁或钢桁架组成的支承结构。

图 5-2（b）钢拉索系统：钢拉索和不锈钢支撑杆组成的支承

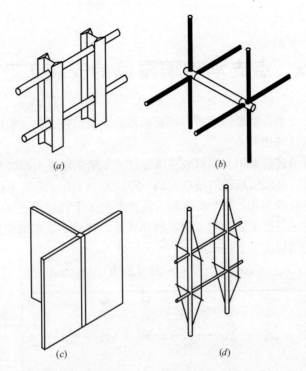

图 5-2 常见的支承结构体系

(*a*) 钢结构系统；(*b*) 钢拉索系统；(*c*) 全玻系统；

(*d*) 钢拉索——钢结构系统

结构。

图 5-2 (*c*) 全玻系统：由玻璃肋组成的支承结构。

图 5-2 (*d*) 钢拉索-钢结构系统：由钢拉索和钢结构组成的自平衡支承结构。

5.1 一般规定

5.1.1 安装要求

（1）安装点支式玻璃幕墙的主体结构，应符合有关结构施工质量验收规范的要求。

（2）玻璃幕墙工程中使用的材料必须具备相应的出厂合格证、质保书和检验报告。

进场安装点支式玻璃幕墙的主框构件及零附件的材料、品种、规格、色泽、加工尺寸公差和性能应符合设计要求。不合格的构件不得安装使用。

（3）点支式玻璃幕墙预埋件位置偏差过大或未设预埋件时，应制定补救措施或可靠连接方案，经业主、监理、建筑设计单位洽商同意后方可实施。

（4）由于主体结构施工偏差过大而妨碍点支式玻璃幕墙施工安装时，应会同业主和土建承包方采取相应措施，并在点支式玻璃幕墙安装前实施。

（5）点支式玻璃幕墙支承构件与支承装置如果是不同金属，其接触面应采用隔离垫片。

5.1.2 隐蔽工程验收项目及部位

（1）预埋件或后置埋件。

（2）璃幕墙的吊夹具、索杆件与主体结构的连接。

（3）玻璃与镶嵌槽间的安装构造。

（4）幕墙支承钢结构等被隐蔽部位。

5.2 测量放线及埋件处理

5.2.1 测量放线

参见上述 2.1"幕墙施工测量放线"中相关内容。此外，拉索（杆）式点支玻璃幕墙还应测出上锚墩和地锚的位置点。

5.2.2 埋件安装、检查及纠偏

参见上述 2.2"预埋件安装、检查及纠偏"中相关内容。此外，拉索（杆）式点支玻璃幕墙还应设置上锚墩埋板和地锚埋板。

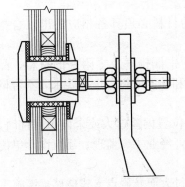

图 5-3 中空玻璃连接件的形式

5.2.3 连接件安装

连接件按构造可分为活动式、固定式，按外形可分为沉头式和浮头式；支承结构为杆件体系的，其支承结构与埋板直接焊接连接。支承结构为索杆体系的，其上锚墩埋板和地锚埋板上应设置连接件，连接件与埋板间应按设计要求焊接牢固。

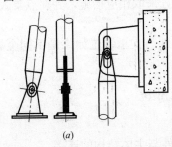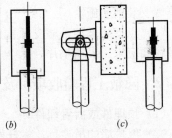

(a)　　　　　　*(b)*　　　　　　*(c)*

图 5-4　销钉连接

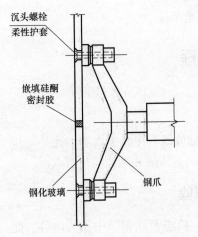

沉头螺栓
柔性护套

嵌填硅酮
密封胶

钢化玻璃

钢爪

图 5-5　沉头点支式连接示意图

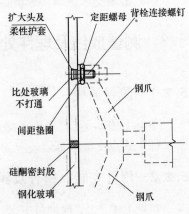

扩大头及
柔性护套

定距螺母

背栓连接螺钉

比处玻璃
不打通

钢爪

间距垫圈

硅酮密封胶

钢化玻璃

钢爪

图 5-6　背栓点支式连接示意图

用于中空玻璃的连接件，可采用图 5-3 所示形式。

销钉连接可采用如图 5-4 所示的形式。

图 5-5 为沉头点支式连接示意图；图 5-6 为背栓点支式连接示意图。连接件中各零件，如图 5-7 所示。

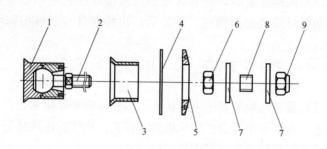

固 5-7　连接件的零件

1—连接件主体；2—球铰螺栓；3—隔离衬套；4—隔离垫圈；

5—主体配合螺栓；6—调节螺母；7—调节垫圈；

8—金属衬套；9—锁紧螺母

5.3　支承结构与支承装置安装

5.3.1　杆件体系支承结构安装

1. 一般规定

（1）安装前，应根据甲方提供的基础验收资料复核各项数据，并标注在检测资料上。预埋件、支座面和地脚螺栓的位置、标高的尺寸偏差应符合相关的技术规定及验收规范的规定。

（2）钢结构的复核定位应使用轴线控制控制点和测量的标高基准点，保证幕墙主要竖向构件及主要横向构件的尺寸允许偏差符合有关规范及行业标准。

（3）钢结构安装过程中，制孔、组装、焊接和涂装等工序均应符合《钢结构工程施工质量验收规范》GB 50205 的有关规定。

（4）钢构件应按设计要求进行表面处理。钢构件在运输、存放和安装过程中损坏的涂层以及未涂装的安装连接部位，应按现行国家标准《钢结构工程施工质量验收规范》GB 50205 的有关规定补涂。

（5）构件安装时，对容易变形的构件应作强度和稳定性验算，必要时采取加固措施，安装后，构件应具有足够的强度和刚度。

（6）大型钢结构构件（柱、桁架等）应作吊点设计，并应试吊。

（7）确定几何位置的主要构件，如柱、桁架等应吊装在设计位置上，在松开吊挂设备后应做初步校正，构件的连接接头必须经过检查合格后，方可紧固和焊接。

（8）为了保证支承杆位置的准确，紧固拉杆（索）或调整尺寸偏差时，宜采用先左后右，由上至下的顺序，逐步固定支承杆位置，以单元控制的方法调整校核，消除尺寸偏差，避免误差积累。

在支撑杆的安装过程中必须对杆件的安装定位几何尺寸进行校核，前后索长度尺寸严格按图纸尺寸调整，保证支撑连接杆与玻璃平面的垂直度。调整以按单元控制点为基准对每一个支撑杆的中心位置进行核准。

（9）钢结构安装就位、调整后应及时紧固，连接处与埋板焊接牢固和进行隐蔽工程验收。对焊缝要进行打磨，消除棱角，达到光滑过渡。钢结构表面应根据设计要求喷涂防锈、防火漆，或加以其他表面处理。

2. 梁式钢结构的安装及调整

梁式钢结构在点支承玻璃幕墙采用比较多见的一种钢结构形式，钢结构是单根圆管、单根工艺 T 梁、单根工艺工字梁或单根钢板等。

（1）梁式钢结构安装之前，首先应根据施工设计图，检查立柱的尺寸及加工孔径是否与图纸一致，外观质量是否符合设计要术。

（2）安装时，利用吊装装置，将钢结构立柱吊起并基本就位，适当调整将立柱的下端引入底部柱脚的锚墩中，上端用螺栓和钢支座与主体结构连接。调整立柱安装精度，临时固定钢结构立柱。两立柱间用钢卷尺校核尺寸，立柱垂直度可用2m靠尺校核，相邻立柱标高偏差及同层立柱的最大标高偏差，可用水准仪校核。

（3）对于立面、平面造型比较复杂的点支承玻璃幕墙，在测量放线时还可以拉钢丝线，钢丝线的直径为2mm较为合适。

（4）钢结构立柱的安装位置和精度整体调整完毕后，立即进行最终固定。

3. 钢桁架结构的安装及调整

钢桁架的结构构件一般采用钢管构件，按几何形态常分为平行弦桁架和鱼腹式桁架等。

（1）现场拼装、焊接：钢桁架的现场拼装焊接，应在专用的平台上进行，平台一般用钢板制作，在拼装时先在平台上放样。分段施焊时应注意施焊时的顺序，尽可能采用对边焊接，以减少焊接变形及焊接应力，焊接完毕后，要及时进行防锈处理。

当钢桁架超长，在现场制作精度不能满足设计要求时，可以在工厂内进行制作，考虑运输吊装的方便，对于长度大于12m的桁架，应当将桁架分段，分段的位置距桁架节点的距离不得小于200mm，在分段处应该设置定位钢板，分段钢桁架运输到工地后，在现场专用平台上进行拼装。在分段连接位置进行现场施焊或螺栓连接。分段连接位置应注意连接的质量和外观要求。主管的焊接应不少于二级焊接，须作超声波无损探伤检测。腹杆与主管之间相贯焊接为角焊接，全溶透焊缝及半焊缝。

（2）钢桁架的安装：钢桁架安装时，若需要吊装，应进行吊装位置的确定，在吊装过程中，防止失稳，吊装就位的钢桁架，应及时调整，然后立即进行钢桁架支座和预埋件焊接，并将钢桁架临时固定。

对于立面、平面造型比较复杂的点支承玻璃幕墙，安装时可以通过钢丝线来控制安装位置和精度。整体调整完毕后，立即进行最终固定。

（3）稳定杆安装：根据设计要求，布置稳定杆。稳定杆安装时应该注意施工顺序，一般是先中部再上端，然后下端。稳定杆安装时，注意不能影响钢桁架的安装精度要求。

（4）涂装：钢结构涂装在工厂已完成底漆的工作，中间漆和面漆的工作在施工现场进行。

5.3.2 索杆体系支承结构安装

点支承玻璃幕墙索杆体系中，以索桁架体系较为典型，索桁架体系的安装覆盖了拉索的安装和桁架的安装。其拉杆、拉索连接节点的构造可采用如图5-8所示形式。

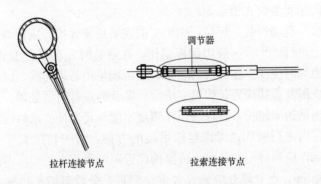

调节器

拉杆连接节点　　　　　　　拉索连接节点

图5-8　拉杆、拉索连接节点

1. 钢桁架、拉索安装及调整

（1）根据设计图纸要求确定钢桁架立柱的尺寸和标高，在焊接时，注意焊接的顺序，以免主管的焊接变形，焊接完毕后要及时进行防锈处理，主管的焊接应不少于二级焊接，并经作超声波探伤检测，腹杆与主管间相贯焊接为角焊缝、全溶透焊接或半熔透焊接。并初步固定连系杆。

（2）根据钢索的设计长度及在设计预拉力作用下，钢索延伸长度落料；制作索桁架的上索头和下索头；将索桁架上索头固定在锚墩的连接件上。

（3）宜用千斤顶在地面张拉钢索并将下索头与地锚连接件采用开口销固定。

（4）竖向拉索的安装：根据图纸给定的拉索长度尺寸加 1～3mm 从顶部结构开始挂索呈自由状态，待全部竖向拉索安装结束后进行调整，调整顺序也是先上后下，按尺寸控制单元逐层将支撑杆调整到位。

（5）横向拉索的安装：待竖向拉索安装调整到位后连接横向拉索，横向拉索在安装前应先按图纸给定的长度尺寸加长 1～3mm 呈自由状态，先上后下空话子单元逐层安装，待全部安装结束后调整到位。

（6）依此安装幕墙立面全部索桁架。

（7）穿水平索，按设计位置调正连系杆的水平位置，并固定。

2. 预应力张拉

索桁架就位后，按设计给定的次序进行预应力张拉，张拉预应力时一般使用各种专门的千斤顶或扭力扳手。并宜设置预拉力调节装置；预拉力宜采用测力计测定。采用扭力扳手施加预拉力时，应事先进行标定；拉杆、拉索实际施加的预拉力值应考虑施工温度的影响。

张拉前必须对构件、锚具等进行全面检查，并应签发张拉通知单。张拉通知单应包括张拉日期、张拉分批次数、每次张拉控制力、张拉用机具、测力仪器及使用安全措施和注意事项。

施加预拉力应以张拉力为控制量，注意控制张拉力的大小，张拉过程中要用测力仪随时监测钢索的应力，以及检测索桁架的位置变化情况，应建立张拉记录；如果发现索桁架的最终形态与设计差别比较大时，应及时做出调整，对于双层索（承重索，稳定索），为使预应力均匀分布，要同时进行张拉，张拉的顺序一般是先中间，再上端，然后下端，重复进行。全部预应力的施加分三个循环进行，每一次循环完成预应力的 60%，第二、三次循环各完成 20%。

3. 配重检测

由于幕墙玻璃的自重荷载和所受力的其他荷载都是通过支撑杆传递到支承结构上的，为确保结构安装后在玻璃安装时拉杆系统的变形在允许范围内，必须对支撑杆进行配重检测。

配重检测应按单元设置，配重的重量为玻璃在支撑杆上所产生的重力荷载乘系数 1～1.2，配重后结构的变形应小于 2mm。

配重检测的记录。配重物的施加应逐级进行，每加一级要对支撑杆的变形量进行一次检测，一直到全部配重物施加在支撑杆上测量出其变形情况，并在配重物卸载后测量变形复位情况并详细记录。

5.3.3 支承装置安装

点支承装置系指以点连接方式直接承托和固定玻璃面板，并传递玻璃面板所承受的荷载或作用的组件。点支承装置由驳接头和爪件组成，或指玻璃夹具。

支承装置应符合现行行业标准《建筑玻璃点支承装置》JG/T 138 的规定。

1. 驳接头

驳接头系指固定于爪件或支承结构上，直接夹持紧固玻璃面板，以提供支承并传递荷载或作用的组件，如图 5-9 所示。

按照夹持玻璃的固定形式分为穿孔式和非穿孔式，穿孔式分为沉头式和浮头式，非穿孔式为夹边式，如图 5-10、图 5-11 所示。

图 5-9　点驳接构件

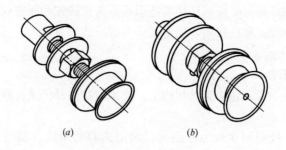

图 5-10 沉头式驳接头

(a) 沉头球铰式驳接头；(b) 沉头螺杆式驳接头

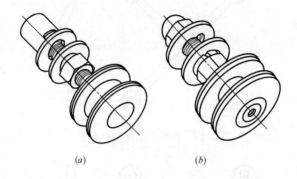

图 5-11 浮头式驳接头

(a) 浮头球铰式驳接头；(b) 浮头螺杆式驳接头

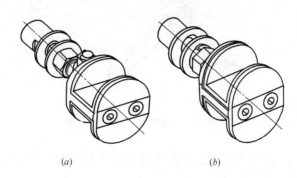

图 5-12 夹边式驳接头

(a) 夹边柱铰式驳接头；(b) 夹边整体式驳接头

按照承座与螺杆的连接构造形式分为铰接式和固定式，铰接式分为球铰式和柱铰式，固定式分为螺杆式和整体式，其外观如图 5-12 所示。

2. 爪件

爪件系指固定于支承结构上，支承驳接头并传递荷载或作用的构件。

（1）按照用途分为杆用式、索用式和肋用式，如图 5-13～图 5-16 所示。

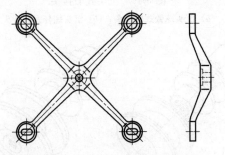

图 5-13　杆用式爪件构造示意

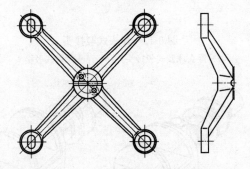

图 5-14　索用式爪件构造示意

（2）按照使用方法分为竖直方向（带长扁孔和圆孔型）、水平方向（全圆孔型）。

（3）按照爪臂数量和形状分为下列五种：

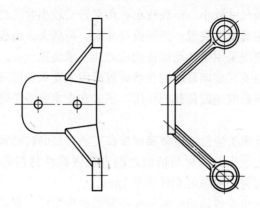

图 5-15 肋用式爪件构造示意

1）四爪：X 型、H 型。

2）三爪：Y 型、T 型、H 型。

3）二爪：V 型、I 型、T 型。

4）单爪：1 型、H 型示。

5）多爪：D 型（五爪及以上的爪件）。

3. 玻璃夹具

玻璃夹具系指固定于支承结构上，直接夹持固定玻璃平面并传递其荷载或作用的组件。

（1）按照用途分为杆用式、索用式和肋用式。杆用式又按照玻璃夹具与支撑杆件的螺纹连接构造方式分为通孔式、螺柱式和螺孔式。

（2）按照外观形式分为：

1）矩形：包括长方形和正方形。

2）圆形：包括椭圆形。

3）菱形：代号为 LX。

4）异形：除以上外观形式外的其他形式。

4. 支承装置要求

（1）点支式玻璃幕墙的支承装置应能适应面板角部的转动变

形。当面板尺寸较小、荷载较小、角部转动较小时，可以采用夹板式和固定式支承装置；当面板尺寸大、荷载大、面板转动变形较大时，则应采用带转动球铰的活动式支承装置。

（2）点支式玻璃幕墙的支承装置只用来支承幕墙玻璃和玻璃承受的风荷载或地震荷载的作用，不应在支承装置上附加其他设备和重物。

（3）支承头应能适应玻璃面板在支承点处的转动和位移。

（4）支承头的钢材与玻璃之间宜设置弹性材料的衬垫或衬套，衬垫和衬套的厚度不宜小于 1mm。

（5）除承受玻璃面板所传递的荷载或作用外，支承装置不应兼作其他用途。

5. 驳接爪安装

（1）按照复测放线后的轴线和层高基准进行支承装置中心的放线测量。严格按基准线分中定位，检查测量误差。如误差超过图纸规定，应及时向设计方反映，经设计变更后方可继续施工。

（2）在钢结构上预安装驳接爪转接件，应测量和调整驳接爪转接件的整体平面度、垂直度、水平度和坐标位置，达到和满足精度要求。测量和调整结束后，将转接件固定（焊接）在钢结构上。

（3）支承钢爪在玻璃重量作用下，支承钢系统会有位移，可用以下两种方法进行调整。

1）如果位移量较小，可以通过驳接件自行适应，则要考虑支承杆有一个适当的位移能力。

2）如果位移量大，可在结构上加上等同于玻璃重量的预加载荷，待钢结构位移后再逐渐安装玻璃。无论在安装时，还是在偶然事故时，都要防止在玻璃重量下，支承钢爪安装点发生过大位移，所以支承钢爪必须能通过高抗张力螺栓、销钉、楔销固定。支承钢爪的支承点宜设置球铰，支承点的连接方式不应阻碍面板的弯曲变形。

（4）十字钢爪臂与水平成 45°夹角，H 型钢爪主爪臂与水平成 90°。

（5）测量检验钢爪中心的整体平面度、垂直度、水平度调整到满足设计精度要求。最终固定调正整体索桁架。

5.4　主要附件安装

5.4.1　防腐处理

参见上述 2.3 中相关内容。

5.4.2　防雷装置

按设计要求安装防雷装置，防雷装置应通过转接件与主体结构的防雷系统可靠连接。

防雷装置安装要求、安装措施、接地电阻测试参见上述 2.4 中相关内容。

5.5　玻璃面板安装及调整

5.5.1　安装准备

（1）安装前应校核支撑结构的垂度件、平整度，支撑装置的平整度、标高是否符合设计要求。对发生超过允许偏差的部位要及时整改。特别要注意安装孔位的复查。

（2）安装前必须清洁钢槽底泥土和玻璃、吸盘上的灰尘和污染物等。

（3）清理支撑结构：支撑结构施工时，不可避免地要产生很多垃圾及污染，以及个别位置防腐防锈不到位，或焊接处的打磨没做到光滑过渡，或边界钢槽上有建筑垃圾等。玻璃安装之前必须清理，清扫干净。

（4）点支承玻璃底部 U 形槽应装入氯丁橡胶垫块，对应于玻璃支承面宽度边缘左右 1/4 处各放置垫块。

（5）安装前应检查支承钢爪的安装位置是否准确，确保无误后，方可安装玻璃。

5.5.2 面板安装

（1）按设计位置、玻璃尺寸及编号，自上而下安装玻璃。采用镀膜玻璃时，应将镀膜面朝向室外。根据玻璃重量及吸盘规格确定吸盘个数。

（2）现场安装玻璃时，应先将支承头与玻璃在安装平台上装配好，然后再与支承钢爪进行安装。为确保支承处的气密性和水密性，必须使用扭矩扳手。应根据支承系统的具体规格尺寸来确定扭矩大小。

（3）安装电动吸盘机（板块面积较小可直接人工安装）。电动吸盘机必须定位，左右对称，且略偏玻璃中心上方，保证吊起的玻璃不偏斜、转动。

（4）试起吊。先将玻璃试起吊，吊起 2～3cm，检查各个吸盘是否都牢固吸附玻璃。

（5）在玻璃适当位置安装手动吸盘、拉缆绳索和侧边保护胶套。吊装过程中用手动吸盘和拉缆绳索协助玻璃就位。

当上部有槽时，让上部先入槽；当下部有槽时，先把氯丁胶放入槽内，将玻璃慢慢放入槽中，再用泡沫填充棒固定住玻璃，防止玻璃在槽内摆动造成意外破裂。

（6）中间部位的玻璃，先在玻璃上安装驳接头，玻璃定位后，再把驳接头与钢爪连接。安装过程中，驳接头与玻璃孔之间应先放置专用尼龙套，且尼龙套内外两面须打防水胶，防止渗漏。

（7）玻璃面板安装就位后初步固定，玻璃与爪件的连接，如图 5-16 所示。根据每块玻璃上不同孔的形状，小孔固定玻璃，并通过大孔对玻璃进行上下左右微调，调整到位后，用沉（浮）头连接件与驳接爪进行固定连接。

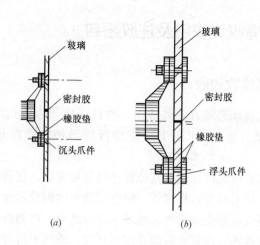

图 5-16　沉（浮）头支承点

(a) 沉头式支承点；(b) 浮头式支承点

（8）安装面板时应调整好面板的平整度、垂直度、水平度、标高位置、面板上下、左右、前后的缝隙大小等。安装后，先紧固上端的连接螺栓，后紧固下端的连接螺栓。

（9）点支承玻璃支承孔周边应进行可靠密封。当点支承玻璃为中空玻璃时，其支承孔周边应采取多道密封措施。

（10）玻璃全部调整好后，应进行整体面板平整度的检查，确认无误后，才能进行打胶密封。

5.5.3　拉索调节定位

玻璃安装完毕后，由于玻璃的自重，或多或少地对拉索第一次定位的锁头锁紧带来一些松紧的变化。因此，必须进行拉索的锁紧检查与紧固调节，可用测力仪进行最后的测定，预应力达不到设计值的适当增加一些，保证预应力值与图纸设计值基本相符。完成此工序后，才可以进行下一道工序。

拉索锁头螺纹调节时尽可能用扭力扳手锁紧，以达到正确的扭力，过紧则损害拉索，过松则影响幕墙。

5.6 幕墙收边收口及注胶密封

5.6.1 幕墙收边收口

点支式玻璃幕墙在室外地面、洞口或楼顶面收边时，应采用 U 形地槽。地槽内按设计要求将橡胶垫块放置在分格的 1/4 处。

当幕墙玻璃就位并调整其位置至符合要求后，在地槽两侧嵌入泡沫棒并注密封胶，在室外一侧宜安装不锈钢披水板。

直接插入混凝土地沟时，玻璃下部应悬空，两侧嵌入泡沫棒或用聚氨酯现场发泡填充间隙并注密封胶。玻璃不得与任何结构直接接触。

其他要求参见上述 2.5"幕墙收边收口"中相关内容。

5.6.2 密封注胶

幕墙密封注胶时应用中性清洁剂清洁玻璃及钢槽打胶的部位，应用干净的不脱纱棉布擦净。清洁后不能马上注胶，表面干燥后才能注胶。

玻璃与钢槽之间的缝隙处，应先用泡沫棒填塞紧，注意平直、干燥，留出打胶厚度尺寸。

所有需注胶的部位应粘贴保护胶纸，贴胶纸时应注意纸与胶缝边平行，不得越过缝隙。保证注胶后的胶缝的美观。

打玻璃胶时，先根据胶缝的大小把玻璃胶筒出口切开相应斜口，打胶要保持注胶均匀。注胶后应及时用专用刮刀修整胶缝，使胶缝断面成"凹"形状，并能保证满足胶的厚度要求。

注胶后，要检查胶缝里面是否有气泡，若有应及时处理，清除气泡。并将粘贴的胶纸撕掉，注意不得在注胶后马上撕胶纸，必须等硅酮胶固化之后进行。

5.7 质量标准

5.7.1 组件组装质量要求

（1）点支承幕墙组装质量应符合表 5-1 的要求。

点支承幕墙、全玻璃幕墙组装就位后允许偏差　　表 5-1

项　　目		允许偏差	检测方法
幕墙平面垂直度 （幕墙高度 H）	$H \leqslant 30\text{m}$	$\leqslant 10\text{mm}$	激光仪或经纬仪
	$30\text{m} < H \leqslant 60\text{m}$	$\leqslant 15\text{mm}$	
	$60\text{m} < H \leqslant 90\text{m}$	$\leqslant 20\text{mm}$	
	$90\text{m} < H \leqslant 150\text{m}$	$\leqslant 25\text{mm}$	
	$H > 150\text{m}$	$\leqslant 30\text{mm}$	
幕墙的平面度		$\leqslant 2.5\text{mm}$	2m 靠尺，钢板尺
竖缝的直线度		$\leqslant 2.5\text{mm}$	2m 靠尺，钢板尺
横缝的直线度		$\leqslant 2.5\text{mm}$	2m 靠尺，钢板尺
胶缝宽度（与设计值比较）		$\pm 2\text{mm}$	卡尺
两相邻面板之间的高低差		$\leqslant 1.0\text{mm}$	深度尺
全玻幕墙玻璃面板与肋板夹角与设计值偏差		$\leqslant 1°$	量角器

注：摘自现行国家标准《建筑幕墙》GB/T 21086—2007。

（2）点支承玻璃幕墙玻璃之间空隙宽度不应小于 10mm，有密封要求时应采用硅酮建筑密封胶密封。

（3）支承装置的安装偏差应符合表 5-2 的要求。

（4）点支式玻璃幕墙钢爪安装质量标准应符合表 5-3 的规定。

5.7.2 外观质量

（1）钢结构应焊缝平滑，防腐涂层应均匀、无破损，应符合现行国家标准《钢结构工程施工质量验收规范》GB 50205 的规定。

支承装置安装要求 表 5-2

名称		允许偏差(mm)	检测方法
相邻两爪座水平间距		±2.5	激光仪或经纬仪
相邻两爪座垂直间距		±2.0	激光仪或经纬仪
相邻两爪座水平高低差		2	卡尺
爪座水平度		1/100	激光仪或经纬仪
同一标高内爪座高低差	间距不大于 35m	≤5	激光仪或经纬仪
	间距大于 35m	≤7	
单个分格爪座对角线差(与设计尺寸相比)		≤4	钢卷尺
爪座端面平面度(平面幕墙)		≤6.0	激光仪或经纬仪

注：摘自现行国家标准《建筑幕墙》GB/T 21086—2007。

钢爪安装质量允许偏差 表 5-3

项次	项 目	尺寸范围(m)	允许偏差(mm)
1	相邻两钢爪水平距离和竖向距离		±1.5
2	同层钢爪高度允许偏差 L 为水平距离(m)	L≤35	L/700(×1000)
		35<L≤50	L/600(×1000)
		50<L≤100	L/500(×1000)

注：摘自现行行业标准《玻璃幕墙工程技术规范》JGJ 102—2003。

(2) 大面应平整。胶缝宽度均匀、表面平滑。

(3) 不锈钢件光泽度应与设计相符，且无锈斑。

6 全玻璃幕墙的安装工艺

　　全玻幕墙系指由玻璃面板和玻璃肋构成的建筑幕墙。此种玻璃幕墙从外立面看无金属骨架，饰面材料及结构构件均为玻璃材

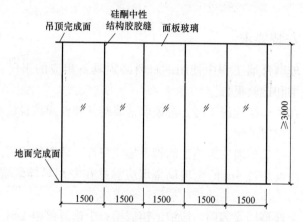

图 6-1　全玻幕墙大样图

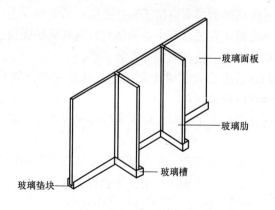

图 6-2　全玻璃幕墙节点示意

料。因其采用大块玻璃饰面，使幕墙具有更大的通透性，因此多用于建筑物裙楼，如图 6-1 所示。

为了增强玻璃结构的刚度，保证在风荷载作用下安全稳定，除玻璃应有足够的厚度外，还应设置与面板玻璃垂直的玻璃肋，如图 6-2 所示。

6.1 一般规定

6.1.1 安装要求

（1）玻璃幕墙工程中使用的材料必须具备相应的出厂合格证、质保书和检验报告。

（2）在主体结构施工时，全玻璃幕墙的预埋件应按设计要求埋设牢固、位置准确。

（3）全玻璃幕墙安装施工的脚手架应完好，障碍物应拆除。

（4）高度超过 4m 的全玻璃幕墙应悬挂在专用吊挂装置上，吊挂装置与主体结构的连接应按设计要求施工。

（5）全玻幕墙安装前，应清洁镶嵌槽；中途暂停施工时，应对槽口采取保护措施。

（6）每块玻璃的吊夹应位于同一平面，吊夹的受力应均匀。

（7）全玻幕墙安装过程中，应随时检测和调整面板、玻璃肋的水平度和垂直度，使幕墙墙面安装平整。

每次调整后应采取临时固定措施，并在完成注胶后进行拆除，对胶缝进行修补处理。

（8）构件搬运、吊装时，应避免碰撞和损坏，严禁与玻璃发生硬接触。

（9）全玻幕墙玻璃两边嵌入槽口深度及预留空隙应符合设计要求，左右空隙尺寸宜相同。主要考虑以下几个方面：

1）玻璃发生弯曲变形后不会从槽内拔出。

2）玻璃在平面内伸长时不致触及槽壁，以免变形受限。

3）玻璃表面与槽口侧壁留有足够空隙，防止玻璃被嵌固，造成破损。

（10）全玻璃幕墙的玻璃宜采用机械吸盘安装，并应采取必要的安全措施。

6.1.2　隐蔽工程验收项目及部位

（1）预埋件或后置埋件。

（2）全玻璃幕墙的吊夹具、索杆件与主体结构的连接。

（3）玻璃与镶嵌槽间的安装构造。

（4）幕墙支承钢结构等被隐蔽部位。

6.2　测量放线及埋件处理

6.2.1　测量放线

参见上述 2.1 中相关内容。

6.2.2　预埋件安装、检查及纠偏

参见上述 2.2 中相关内容。

6.3　悬吊结构、钢附框（吊夹）安装

6.3.1　上部承重钢结构

吊架是吊挂玻璃面板并与建筑结构相连接的组件。按其构造可分为活动式、固定式和穿孔式，按其夹数可分为单夹和双夹。全玻璃幕墙上部节点，如图 6-3 所示。图 6-4 为全玻璃幕墙的安装示意图。

（1）检查预埋件（后置埋件）的位置，偏差较大的应进行处理。

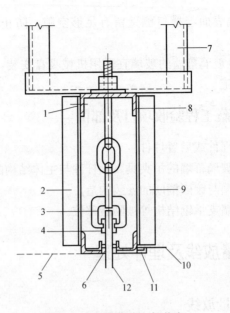

图 6-3　全玻璃幕墙上部节点
1—安装螺栓；2—外金属夹扣；3—吊具；4—单夹钢片；5—室外装饰面；
6—硅酮建筑密封胶；7—钢吊架；8—钢横梁；9—内金属夹扣；
10—室内吊顶；11—金属装饰板；12—玻璃

（2）安装钢结构吊架：钢吊架与主体结构的焊接应符合设计要求。钢吊架与主体结构采用膨胀螺栓连接的，应通过试验决定其承载力。

（3）安装钢横梁：钢横梁的中心线与幕墙中心线应一致，螺栓孔的中心与设计的吊夹具、吊杆螺栓的位置应一致。钢横梁与钢结构吊架的连接应牢固。

（4）防腐处理：焊缝、外露埋板及钢结构表面均应进行防腐处理。检查各螺丝钉的位置及焊接口，涂刷防锈油漆。

6.3.2　安装吊夹具

（1）根据设计要求和图纸位置用螺栓将玻璃吊夹与预埋件或上部钢架连接。吊夹与玻璃底槽的中心位置应对应。

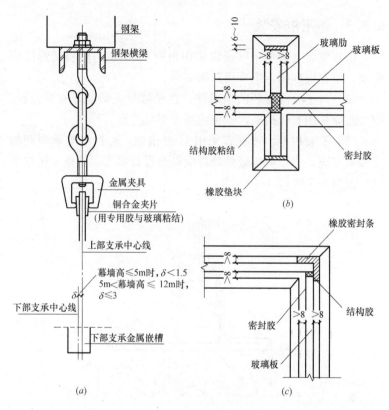

图 6-4 全玻璃幕墙的安装

(a) 上下中心线允许偏差；(b) 玻璃肋下部嵌槽；

(c) 玻璃转角处下部嵌槽

（2）吊夹具与横梁间通过吊杆螺栓连接，螺母与螺杆间应有防松措施。吊夹安装位置必须稳固，应防止产生永久变形。吊夹具应先临时固定在横梁上，然后重新放线，调正所有吊夹具。

（3）吊夹安装位置校正准确后，立即进行最终固定，以保证钢附件、吊夹的安装质量。

（4）检查所有吊夹的紧固度、垂直度、粘牢度是否达到要求，否则进行调整。

6.3.3 钢附框安装

（1）安装支承型钢（通常采用角钢）。型钢与埋板间焊接应牢固，位置应准确，应采用双面支承。

（2）对于分段安装的钢附件，在安装时应调整好安装位置。焊接时应采用有效措施，避免或减少焊接变形。

（3）安装边框。边框宜采用 U 形槽钢，边框与支承型钢的连接应牢固，边框的接缝处处理应符合设计要求。底框和边框节点，如图 6-5 所示。

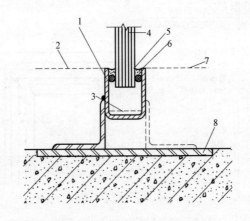

图 6-5　底框和边框节点示意图

1—不锈钢型材；2—外装饰面；3—氯丁橡胶垫块；4—玻璃；
5—硅酮建筑密封胶；6—泡沫胶条；7—内装饰面；8—预埋件

（4）钢附件安装位置校正准确后，立即进行最终固定，以保证钢附件的安装质量。

（5）焊缝、外露埋板及型钢表面均应进行防腐处理。

（6）下部边框内需安装垫块，垫块宽度应与槽口宽度相同，长度不应小于 100mm。垫块的数量和间距应符合设计要求，且每块玻璃的垫块不应少于 2 块。安装前应先将槽口内清理干净。

（7）安装玻璃底槽固定角码，临时固定钢槽，根据水平和标高控制线调整好钢槽的水平高低精度。检查合格后进行焊接固定。

6.4 主要附件安装

6.4.1 防腐处理

参见上述2.3中相关内容。

6.4.2 防雷装置

按设计要求安装防雷装置，防雷装置应通过转接件与主体结构的防雷系统可靠连接。

防雷装置安装要求、安装措施、接地电阻测试参见上述2.4中相关内容。

6.4.3 层间防火

按设计要求进行层间防火。对每个防火节点应进行隐蔽验收，并做好记录。

安装过程中要注意对玻璃、铝板、铝材等成品的保护，以及内装饰的保护。

防火材料铺装参见上述2.3中相关内容。

6.4.4 保温、隔潮措施

保温材料铺装参见上述2.3中相关内容。

6.5 玻璃面板及玻璃肋的安装

6.5.1 安装玻璃面板

（1）检查玻璃质量，清洁板块表面，并标注好玻璃板块中心位置。

（2）在上下边框的内侧粘贴低发泡分隔方胶条，胶条的宽度应与设计的胶缝宽度相同。粘贴胶条时要留出注胶厚度尺寸。

（3）安装电动吸盘机。电动吸盘机必须定位，左右对称，且略偏玻璃中心上方，保证吊起的玻璃不偏斜、转动。

（4）试起吊。先将玻璃试起吊，吊起 2～3cm，检查各个吸盘是否都牢固吸附玻璃。

（5）在玻璃适当位置安装手动吸盘、拉缆绳索和侧边保护胶套。吊装过程中用手动吸盘和拉缆绳索协助玻璃就位。

（6）移动玻璃面板时，防止玻璃升降时碰撞钢架、相邻玻璃碰撞。

在下放玻璃时，调整玻璃面板角度，使其能被放入底框槽口内，要避免玻璃下端与金属槽口磕碰。

（7）玻璃定位：调节吊具螺杆，使玻璃提升和正确就位，玻璃就位后要检查玻璃的垂直度，使其符合设计要求。

（8）填塞上下边框外部槽口内的分隔胶条，使安装好的玻璃临时固定。图 6-6 为玻璃定位嵌固方法。

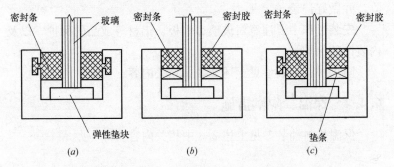

图 6-6 玻璃定位嵌固方法
(a) 干式装配；(b) 湿式装配；(c) 混合装配

6.5.2 安装肋玻璃

全玻璃幕墙玻璃肋，如图 6-7 所示。面板玻璃与玻璃肋构造

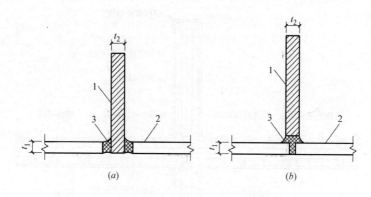

图 6-7　全玻璃幕墙玻璃肋示意

（a）与玻璃面板平齐或突出的玻璃肋；（b）后置或骑缝的玻璃肋

1—玻璃肋；2—玻璃面板；3—结构胶

形式有三种：玻璃肋布置在面板玻璃的单侧，如图 6-8 所示；玻璃肋布置在面板玻璃的两侧，如图 6-9 所示；玻璃肋呈一整块，穿过面板玻璃，布置在面板玻璃的两侧，如图 6-10 所示。

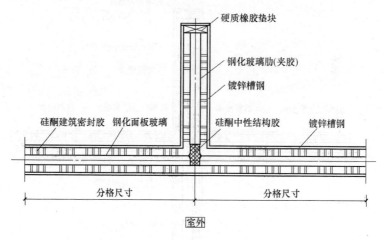

图 6-8　全玻幕墙玻璃肋单侧布置

肋玻璃的安装方法与面玻璃相同，其与面玻璃间的胶缝尺寸应符合设计要求。将相应规格的肋玻璃搬入就位，同样对其水平

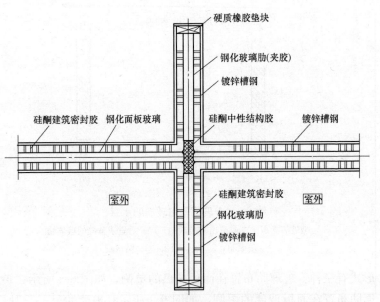

图 6-9　全玻幕墙玻璃肋双侧布置

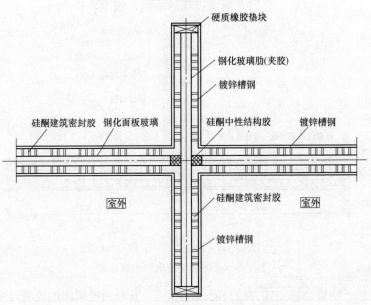

图 6-10　全玻幕墙玻璃肋穿玻璃面板布置

及垂直位置进行调整，并校准与面玻璃之间的间距，定位校准后夹紧固定。

6.5.3 立面墙趾安装

（1）按设计要求将墙趾的 U 形地槽固定在地梁预埋件上。地槽内按设计要求在分格间距 1/4 处放置长度不小于 100mm、厚度不小于 10mm 的橡胶垫块。

当幕墙玻璃就位并调整位置符合要求后，在地槽两侧嵌入泡沫棒并注密封胶，在室外一侧宜安装不锈钢披水板。

（2）按设计要求将墙趾的 U 形槽固定在洞口预埋件上。当幕墙在洞口断开时，U 形槽与主体建筑之间存在很大缝隙，应采用金属板进行收边。由于密封胶与主体建筑的梁、柱不相容，洞口收边后，为了防止雨水渗漏，应在 U 形槽与主体建筑之间的缝隙加注发泡剂密封。

（3）全玻璃幕墙的周边收口槽壁与玻璃面板或玻璃肋的空隙、吊挂玻璃下端与下槽底的空隙应满足玻璃伸长变形的要求；玻璃与下槽底应采用弹性垫块支承或填塞，垫块长度不宜小于 100mm，厚度不宜小于 10mm；槽壁与玻璃之间应采用硅酮建筑密封胶密封。

（4）吊挂式全玻璃幕墙的吊夹与主体结构间应设置刚性水平传力结构。

6.6 幕墙收边收口及密封注胶

6.6.1 幕墙收边收口

参见上述 2.5 中相关内容。

6.6.2 注胶密封

玻璃安装完毕后，应及时调整面板玻璃及肋板玻璃的垂直度、平整度等，清理后及时注胶。

对跨度大的玻璃而言，在注胶时会因为玻璃的弯曲变形而影响注胶的质量时应把面板与肋板位置调整好之后，临时固定牢固，先在无固定件位置注胶，待硅酮胶固化后，拆除临时固定件，再次注胶，注胶时注意接口处的处理。

6.7 质量标准

6.7.1 组件组装质量要求

全玻璃幕墙组装质量应符合表 5-1 的要求。

玻璃与周边结构或装修物的空隙不应小于 8mm，密封胶填缝应均匀、密实、连续。

6.7.2 外观质量

（1）钢结构应焊缝平滑，防腐涂层应均匀、无破损，应符合现行国家标准《钢结构工程施工质量验收规范》GB 50205 的规定。

（2）大面应平整，胶缝宽度均匀、表面平滑。

（3）不锈钢件光泽度应与设计相符，且无锈斑。

7 金属板幕墙的安装工艺

金属板幕墙系指面板材料外层饰面为金属板材的建筑幕墙。金属面板可选用单层铝合金板、不锈钢板、搪瓷涂层钢板、铜合金板、锌合金板、钛合金板、彩色钢板等不同的材质。

金属幕墙类似于玻璃幕墙，它是由工厂定制的金属板作为围护墙面，与窗一起组合而成，其构造型式基本上分为附着型和构架型两类。

附着型金属幕墙是幕墙作为外墙饰面，直接依附在主体结构墙面上。主体结构墙面基层采用螺帽锁紧螺栓连接 L 形角钢，再根据金属板的尺寸将转钢型材焊接在 L 形角钢上。在金属之间用匚形压条将板固定在轻钢型材上，最后在压条上采用防水嵌缝橡胶填充。

构架型金属幕墙基本上类似隐框玻璃幕墙的构造，即将抗风受力骨架固定在框架结构的楼板、梁或柱上，然后再将轻钢型材固定在受力骨架上。金属板的固定方式与附着型金属幕墙相同。

7.1 一般规定

7.1.1 安装要求

（1）金属幕墙工程中使用的材料必须具备相应的出厂合格证、质保书和检验报告。金属板幕墙的构件及零附件的材料、品种、规格、色泽、加工尺寸公差和性能应符合设计要求。不合格的构件不得安装使用。

（2）金属板幕墙的预埋件位置偏差过大或未设预埋件时，应制订补救措施或可靠连接方案，经业主、监理、建筑设计单位洽商同意后方可实施。

（3）施工前应按设计要求，检查金属板幕墙安装部位的墙体及梁、柱面的尺寸情况，若墙体及梁、柱面尺寸与设计要求不符合时，应及时向土建单位反映，由土建单位及时予以纠正。

（4）金属板幕墙主框构件与连接件如果是不同金属，其接触面应采用隔离垫片。

（5）金属板幕墙使用的耐候胶与工程所用的金属板必须相容。耐候胶应在保质期内使用，并有合格证明、出厂年限、批号。

（6）金属板幕墙使用的附件、转接件，除不锈钢外，应进行防腐处理。

（7）现场焊接时，不得将电焊机的接地线搭在型材上，而且应当对型材、板块等进行保护，防止金属导电产生火花和飞溅烧坏型材、板块等表面。

（8）现场的铝型材、金属板块、附件等应在室内集中存放，并应分类妥善保管。铝型材、金属板块的保护胶纸应完好，防止装饰表面产生划痕和污渍。

（9）在金属板幕墙安装过程中，不得在竖向、横向型材上安放脚手架及跳板或悬挂重物，以防竖向、横向型材损坏或变形。

（10）在金属板幕墙安装过程中，注意幕墙型材及金属板块的保护，及时清理幕墙型材、金属板块表面的水泥砂浆及密封胶，以保护金属板幕墙的安装质量。

7.1.2 隐蔽工程验收项目及部位

（1）预埋件或后置埋件。

（2）幕墙构件与主体结构的连接、构件连接节点。

（3）幕墙四周的封堵、幕墙与主体结构间的封堵。

（4）幕墙变形缝及转角构造节点。

（5）明框隔热断桥处玻璃托块设置。

（6）幕墙防雷连接构造节点。

（7）幕墙的防水、保温隔热构造。

（8）幕墙防火构造节点。

7.2 测量放线及埋件处理

7.2.1 测量放线

参见上述 2.1 中相关内容。

7.2.2 预埋件安装、检查及纠偏

参见上述 2.2 中相关内容。

7.2.3 连接件安装

（1）将连接件预就位时，应将连接件的水平方向和垂直方向的中心十字交叉线对准上一工序在预埋铁件位置弹出的十字交叉线，如原预埋铁件有偏斜时，应将连接件在水平垂直方向用垫铁垫平，并将垫铁焊接牢固。

（2）整个面的连接件预就位后，拉水平线，吊垂线检查，连接件的水平、垂直方向的位置正确无误后进行焊接加固（四边围焊）。

（3）焊接加固连接件后，除去焊渣，检查焊缝质量，符合设计和规范规定后，对焊缝进行防腐处理。

焊接作业注意事项：

1）用规定的焊接设备、材料及人员。

2）焊接现场的安全，防火工作。

3）严格按照设计要求进行焊接，要求焊缝均匀，无假焊、虚焊。

4）防锈处理要及时、彻底。

7.3 立柱、横梁安装

7.3.1 立柱安装

金属板幕墙的立柱一般采用钢材，也可以采用铝材。立柱的

安装孔位应在加工车间加工，所以，安装前应检查立柱的所有安装孔位是否符合金属板幕墙施工设计的剖面图。除图纸确定的现场配钻孔外，如孔位不对，应退回加工车间重新加工。

钢结构立柱应以转接件螺栓孔为基准，铝结构立柱以立柱的第一排横梁孔中心线或横梁基准线为基准，在立柱外平面上划出标高水平基准线；将立柱截面分中，在立柱外平面上划出垂直中心线。

1. 基准立柱安装

基准立柱是指墙体或梁、柱基准线的第一根立柱。立柱应自下而上地进行。

首层基准立柱的下方为地面或楼板面。将首层基准立柱安放在地面或楼板面上，上部以立柱外平面上划出的标高水平基准线和立柱中心线定位，下部用垫块调整。

安装芯柱：根据《金属与石材幕墙工程技术规范》JGJ 133的规定：芯柱总长度不应小于400mm。芯柱与立柱应紧密配合。芯柱与上柱或下柱之间应采用机械连接的方法固定。开口型材上柱与下柱之间可采用等强型材机械连接。

将各层基准立柱插入下一层基准立柱的芯套上，在伸缩缝处加一块宽15mm的填片，复测下立柱上横梁与上立柱下横梁的安装中心线之间的距离是否符合分格尺寸，保证立柱上下间伸缩缝间隙符合设计要求，并不小于15mm，偏差不大于2mm。当立柱上部外平面上的标高水平基准线和立柱中心线与放线后的立柱垂直分格钢线和水平标高钢线重合时，立即将立柱的转接件（角码）点焊到埋板上。

2. 中间立柱安装

由于一个墙体上的竖向分格较多，为了减少中间立柱误差积累，应采用分中定位安装工艺：如果分格为偶数，应先安装中间一根立柱，然后向两侧延伸；如果分格为奇数，应先安装中间一个分格的两根立柱，然后向两侧延伸。安装工艺与首层基准立柱相同。

将各层中间立柱按分中定位工艺插入下一层中间立柱的芯套上，在伸缩缝处加一块宽 15mm 的填片，保证立柱上下间接缝间隙符合设计要求，并不小于 15mm，偏差不大于 2mm。其他安装工艺与首层中间立柱相同。

3. 立柱调整与紧固

立柱的调整。在一层立柱安装完毕后，应统一调整立柱的相对位置。

立柱安装就位、调整后应及时紧固，并拆除用于立柱安装就位的临时设置。然后密封立柱伸缩缝。

7.3.2 横梁安装

1. 洞口横向主梁安装

洞口横向主梁则以基准立柱为基准，沿水平方向左右延伸。当立柱外平面上的标高水平基准线和立柱中心线与放线后的立柱垂直基准钢线和水平标高钢线重合时，立即将立柱的转接件（角码）点焊到埋板上；如有误差，可用转接件在三维方向上调整立柱位置，直至重合。

横向主梁则用转接件与轴线基准立柱和埋板连接，洞口横向主梁中心线应与主体建筑复测放线后的梁中基准中心线重合。

洞口中间横向主梁则插入第一根基准横向主梁的芯套上，在伸缩缝处加一块宽 15mm 的填片，检查中间横向主梁中心线与主体建筑复测放线后的梁中基准中心线是否重合，重合时，立即将横向主梁的转接件（角码）点焊到埋板上。

第一层金属板幕墙立柱和横向主梁的调整。在一层立柱和横向主梁安装完毕后，应统一调整立柱和横向主梁的相对位置。

2. 横梁安装

（1）测量放线：以各层标高线为基准，按图纸拉出水平定位线。

（2）安装连接件：将连接件插入横梁两端。对于钢结构构件，连接件一端允许用焊接方式按水平定位线与立柱固定，另一端用不锈钢螺栓将横梁固定在立柱上。横梁两端与连接件的螺钉孔，一端为圆孔，另一端为椭圆孔。

（3）横梁与立柱间的接缝间隙应符合设计要求，安装应牢固。

（4）横梁上下表面与立柱正面应成直角，严禁向内或向外倾斜以影响横梁的水平度。

（5）横梁与立柱的两端连接处按图纸要求预留间隙尺寸，安装完后，在立柱与横梁的接缝间隙处打耐候密封胶密封。

（6）当安装完一层高度时，应进行检查、调整、校正，使其符合质量要求，并及时固定。

7.4　主要附件安装

7.4.1　防腐处理

参见上述 2.3 "幕墙防火、防腐及保温"中相关内容。

7.4.2　防雷装置

按设计要求安装防雷装置，防雷装置应通过转接件与主体结构的防雷系统可靠连接。

上下两根立柱之间采用 $8mm^2$ 铜编制线连接，连接部位立柱表面应除去氧化层和保护层。为不阻碍立柱之间的自由伸缩，导电带做成折环状，易于适应变位要求。在建筑均压环设置的楼层，所有预埋件通过 12mm 圆钢连接导电，并与建筑防雷地线可靠导通，使幕墙自身形成防雷体系。

防雷装置安装要求、安装措施、接地电阻测试参见上述 2.4 中相关内容。

7.4.3　层间防火

按设计要求进行层间防火。防火材料应用锚钉固定牢固。防火层应平整、连续、形成一个不间断的隔层，拼接处不留缝隙。对每个防火节点应进行隐蔽验收，并做好记录。

安装时应按图纸要求，先将防火镀锌板固定（用螺丝或射钉），要求牢固可靠，并注意板的接口。然后铺防火棉，安装时注意防火棉的厚度和均匀度，保证与龙骨料接口处的饱满，且不能挤压，以免影响面材。最后进行顶部封口处理即安装封口板。

安装过程中要注意对铝板、铝材等成品的保护，以及内装饰的保护。

防火材料铺装其他要求参见上述 2.3 "幕墙防腐、防火及保温"中相关内容。

7.4.4　保温、隔潮措施

当保温隔潮材料连接在金属板上时，连接应牢固；当保温隔潮层独立设置时。

保温棉塞填应饱满、平整、不留间隙、其密度应符合设计要求；保温材料安装应牢固，应有防潮措施，在以保温为主的地区，保温棉板的隔汽铝箔面应朝室内，无隔汽铝箔面时，应在室内设置内衬隔汽板；保温棉与金属应保持 30mm 以上的距离，金属板可与保温材料结合在一起，确保结构外表面应有 50mm 以上的空气层。

保温材料铺装其他要求参见上述 2.3 中相关内容。

7.5　金属板安装及调整

7.5.1　安装要求

（1）幕墙骨架各处隐蔽工程验收合格后方可进行面板安装。

（2）安装前检查金属面板的质量是否与设计要求相符，板块表面应无碰伤、划伤；保护纸应完整，起到对装饰表面的保护作用。

（3）安装金属板之前首先应进行定位划线，确定结构金属板组件在幕墙平面上的水平、垂直位置。应在框格平面外设控制点，拉控制线控制安装的平面度和各组件的位置。

为使结构金属板组件按规定位置就位安装，对个别超偏差较小的孔、榫、槽可适当扩孔、改榫。当发现位置偏差过大时，应对杆件系统进行调整或者重新制作。

（4）安装前应将铁件或钢架、立柱、避雷、保温、防锈全部检查一遍，合格后再将相应规格的面材搬入就位，然后自上而下进行安装。

（5）安装过程中拉线相邻玻璃面的平整度和板缝的水平、垂直度，用木板模块控制缝的宽度。

（6）安装时，应先就位，临时固定，然后拉线调整。如缝宽有误差，应均分在每条胶缝中，防止误差积累在某一条缝中或某一块面材上。

（7）安装过程中不得采用切割、裁减、焊接、铜焊等安装方式。

（8）安装结束后应尽快除去保护膜。

7.5.2　金属板连接及固定

1. 铆钉连接

开放式和遮蔽式幕墙宜采用不锈钢芯的抽芯铆钉。采用钢芯的铆钉在连接后必须抽出钢芯。沉头铆钉不宜用于幕墙。

在室外进行结构性固定的铆钉，采用铆钉铆接的方式做结构性固定时，铝塑复合板上的孔径应大于铆钉杆的直径；在孔和铆钉之间宜预留 0.3mm 的缝隙，避免铝板受挤压产生变形。

铆钉头应覆盖板孔的外围至少 1mm，但不应压住面板保护膜。

2. 螺栓连接

铝塑复合板宜采用有密封垫圈的不锈钢螺栓进行连接，垫圈至少要覆盖孔外围 1mm。垫圈或螺母不应压住板面保护膜。

板上的孔径应大于螺栓的直径，孔和螺栓之间宜预留0.3mm的缝隙，以避免铝板受挤压产生变形。

3. 固定勾压件

金属板应沿四周边用螺栓固定于横梁或立柱上，螺栓直径不应小于4mm，螺栓的数量和间距应根据板材所承受的风荷载和地震作用经计算后确定。

勾压件预先用螺栓临时连接在立柱和横梁上（这种勾压件的螺栓螺母端通常放置在立柱和横梁的凹槽内），应将其调整至设计位置，勾压在金属板块的副框上，紧固螺栓。

7.5.3　铝塑复合板的连接

1. 铝塑复合板的连接

铝塑复合板的连接采用挂件挂接、压板固定方式，如图7-1所示，并符合以下要求：

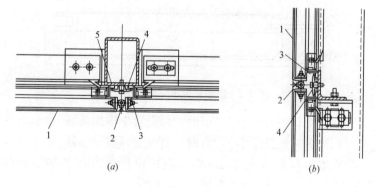

图 7-1　铝塑板连接构造示意图

(a) 铝塑复合板横剖节点；(b) 铝塑复合板竖剖节点

1—铝塑复合板；2—封胶；3—铝合金副框；4—铝合金压板；5—胶条

（1）铝塑复合板与主体结构间应留空气层。空气层最小处应不小于20mm。保温层与铝塑复合板结合时，保温层与主体结构间的距离应不小于50mm。

（2）铝塑复合板与支承结构间的连接，可采用螺栓、螺钉固定，连接强度应满足设计要求。

（3）铝塑复合板接缝宽度宜不小于 10mm。板缝注硅酮建筑密封胶时，底部填充泡沫条，胶缝厚度不小于 3.5mm，宽度不小于厚度的 2 倍。

（4）板缝为开放式时，铝塑复合板宜采用压条封边或板边镶框。

（5）嵌条式板缝的密封条与板缝的接触应紧密，胶条纵横交叉处应可靠密封。

2. 铝塑复合板与副框的组合

（1）复合铝塑板边缘弯折以后，即与副框固定成形，同时根据板材的性质及具体分格尺寸的要求，要在板材背面适当的位置设计铝合金方管加强筋，其数量根据设计而定，如图 7-2 所示。

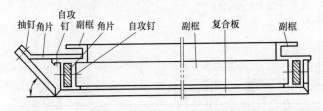

图 7-2　铝塑复合板与副框组合

1）当板材的长度小于 1m 时，可设置 1 根加强筋。

2）当板材的长度小于 2m 时，可设置两根加强筋。

3）当板材长度大于 2m 时，应按设计要求增加加强筋的数量。

（2）副框与板材的侧面可用抽芯铝铆钉紧固，抽芯铝铆钉间距应在 200mm 左右。紧固时应注意：

1）板的正面与副框的接触面间由于不能用铆钉紧固，所以要在副框与板材间用硅酮结构胶粘结。

2）转角处要用角码将两根副框连接牢固。

3）铝合金方管加强筋与副框间也要用角码连接紧固。加强筋与板材间要用硅酮结构胶粘结牢固。

（3）副框有两种形状，组装后，应将每块板的对角接缝用密封胶密封，防止渗水。

（4）对于较低建筑的金属板幕墙，复合铝塑板组框中采用双面胶带；对于高层建筑，副框及加强筋与复合铝塑板正面接触处必须采用硅酮结构胶粘结，不宜采用双面胶带。

（5）安装时，切勿用铁锤等硬物敲击。

（6）安装完毕，再撕下表面保护膜。切勿用刷子、溶剂、强酸、强碱清洗。

3. 副框与主框的连接

副框与主框的连接，如图 7-3 所示。副框与主框接触处应加设一层胶垫，不允许刚性连接。

（1）复合铝塑板与副框组合完成后，开始在主体框架上安装。

（2）复合铝塑板与板间接缝按设计要求而定，安装板前要在竖框上拉出两根通线，定好板间接缝的位置，按线的位置安装板材。

拉线时要使用弹性小的线，以保证板整齐。

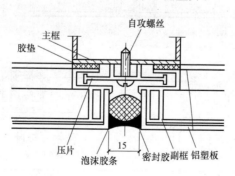

图 7-3　副框与主框的连接示意图

（3）复合铝塑板材定位后，将压片的两脚插到板上副框的凹槽里，将压片上的螺栓紧固即可。压片的个数及间距视设计要求

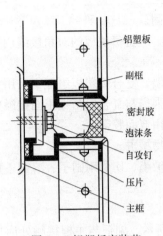

图 7-4 铝塑板安装节
点示意图（一）

而定，如图 7-4 所示。

（4）复合铝塑板与板之间接缝隙一般为 10～20mm，用硅酮密封胶或橡胶条等弹性材料封堵。在垂直接缝内放置衬垫棒。

（5）亦可采用以下安装方法，即在节点部位用直角铝型材与角钢骨架用螺钉连接，将饰面板两端加工成圆弧直角，嵌卡在直角铝型材内，缝隙用密封材料嵌填，如图 7-5 所示。

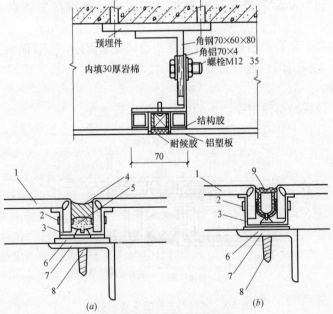

图 7-5 铝塑板安装节点示意图（二）
（a）节点之一；（b）节点之二
1—饰面板；2—铝铆钉；3—直角铝型材；4—密封材料；5—支撑材料；
6—垫片；7—角钢；8—蝶钉；9—密封填料

128

7.5.4 蜂窝铝板连接

蜂窝铝板可选用吊挂式、扣压式等连接方式，如图 7-6、图 7-7 所示，并符合以下要求：

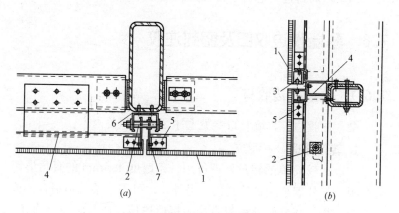

(a)
(b)

图 7-6 吊挂式蜂窝铝板连接构造示意图

（a）蜂窝铝板横剖节点；（b）蜂窝铝板竖剖节点

1—蜂窝铝板；2—挂接螺栓；3—铝合金副框；4—铝合金托板；

5—铝合金角码；6—槽铝；7—挂码

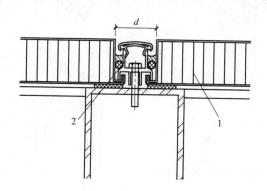

图 7-7 扣压式蜂窝铝板连接构造示意图

1—蜂窝铝板；2—扣板；

d—板缝宽度

（1）板缝宽度应满足计算要求。吊挂式蜂窝铝板板缝宽度宜不小于 10mm，扣压式蜂窝铝板板缝宽度不小于 25mm。

（2）连接强度应满足计算要求。

（3）四周封边，芯材不得暴露。

7.6　幕墙收边收口及密封注胶

7.6.1　幕墙收边收口

梁、柱收边，幕墙收口参见上述 2.5 中相关内容。

1. 转角处理

构造比较简单的转角处理可用一条厚度 1.5mm 的直角形铝合金板，与外墙板用螺栓连接。另外，也可用一条直角铝合金板或不锈钢板，与幕墙外墙板直接用螺栓连接，或与角位（直角、圆角）处的竖框（立柱）固定，如图 7-8 所示。

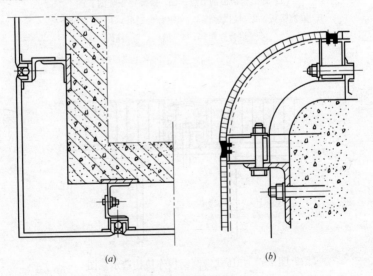

图 7-8　转角处理
(a) 直角转角剖面；(b) 圆角转角剖面

2. 顶部处理

女儿墙上部部位均属幕墙顶部水平部位的压顶处理，即用金属板封盖，使之能阻挡风雨浸透。水平盖板（铝合金板）的固定，一般先将盖板固定于基层上，然后再用螺栓将盖板与骨架牢固连接，并适当留缝，打密封胶，如图7-9所示。

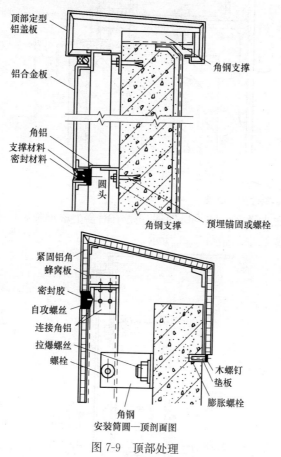

顶部定型铝盖板
铝合金板
角铝
支撑材料
密封材料
圆头
角钢支撑
角钢支撑
预埋锚固或螺栓

紧固铝角
蜂窝板
密封胶
自攻螺丝
连接角铝
拉爆螺丝
螺栓
木螺钉
垫板
膨胀螺栓
角钢
安装筒圆—顶剖面图

图 7-9 顶部处理

3. 底部处理

幕墙墙面下端收口处理，通常用一条特制挡水板将下端封住，同时将板与墙之间的缝隙盖住，防止雨水渗入室内，如图7-10所示。

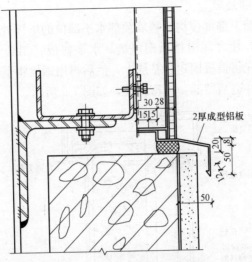

图 7-10　铝合金板端下墙处理

4. 边缘部位处理

墙面边缘部位的收口处理，是用铝合金成形板将墙板端部及龙骨部位封住，如图 7-11 所示。

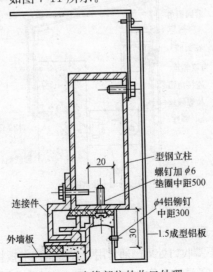

图 7-11　边缘部位的收口处理

5. 伸缩缝、沉降缝的处理

伸缩缝、沉降缝的处理，首先要适应建筑物伸缩、沉降的需要，同时也应考虑装饰效果。另外，此部位也是防水的薄弱环节，其构造节点应周密考虑。一般可用氯丁橡胶带做连接和密封。

6. 窗口部位处理

窗口的窗台处属水平部位的压顶处理，即用金属板封盖，使之能阻挡风雨浸透，如图 7-12 所示。水平盖板的固定，一般先将骨架固定于基层上，然后再用螺栓将盖板与骨架牢固连接，板与板间并适当留缝，打密封胶处理。

板的连接部位宜留 5mm 左右间隙，并用耐候硅酮密封胶密封。

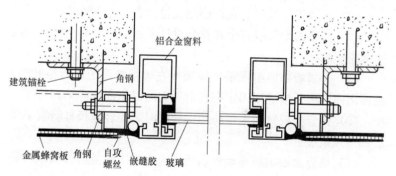

图 7-12　窗口部位处理

7.6.2　密封注胶

（1）注胶不宜在低于 5℃ 的条件下进行，温度太低胶液发生流淌，延缓固化时间甚至影响拉结拉伸强度，必须严格按产品说明书要求施工。严禁在风雨天进行，防止雨水和风沙浸入胶缝。

（2）充分清洁板材间缝隙，不应有水、油渍、涂料、铁锈、水泥砂浆、灰尘等。充分清洁粘结面，加以干燥。

（3）为调整缝的深度，避免三边粘胶，缝内填泡沫塑料棒。

（4）在缝两侧贴美纹纸保护面板不被污染。

（5）注胶后将胶缝表面抹平，去掉多余的胶。

（6）注胶完毕，等密封胶基本干燥后撕下多余美纹纸，必要时用溶剂擦拭面板。

（7）胶在未完全硬化前，不要沾染灰尘和划伤。

7.7　质量标准

7.7.1　组件组装质量要求

（1）幕墙的竖向构件和横向构件的组装允许偏差应符合表3-1的要求。

（2）幕墙组装就位后允许偏差应符合表3-2的要求。

（3）幕墙的附件应齐全并符合设计要求，幕墙和主体结构的连接应牢靠。

（4）金属板幕墙组件采用插接或立边接缝系统进行组装时，插接用固定块及接缝用固定夹和滑动夹的固定部位应牢固可靠。

（5）锌合金板背面未带防潮保护层时，锌合金板幕墙宜采用后部通风系统。

（6）搪瓷涂层钢板幕墙的面板不应在施工现场进行切割和钻孔，搪瓷涂层应保持完好。

7.7.2　外观质量

（1）金属板幕墙组件中金属面板表面处理层厚度应满足表7-1的要求。

金属面板表面的处理层厚度（μm）　　　　表7-1

表面处理方法	平均厚度 t	检测方法
氧化着色	$t \geqslant 15$	测厚仪
静电粉末喷涂	$120 \geqslant t \geqslant 40$	测厚仪

134

表面处理方法	平均厚度 t		检测方法
氟碳喷涂	喷涂	$t \geqslant 30$	测厚仪
	辊涂	$t \geqslant 25$	
聚氨脂喷涂	$t \geqslant 40$		测厚仪
搪瓷涂层	$450 \geqslant t \geqslant 120$		测厚仪

（2）金属板外观应整洁，涂层不得有漏涂。装饰表面不得有明显压痕、印痕和凹凸等残迹。装饰表面每平方米内的划伤、擦伤应符合表 7-2 的要求。

装饰表面划伤和擦伤的允许范围　　　表 7-2

项目	要求	检测方法
划伤深度	不大于表面处理厚度	目测观察
划伤总长度（mm）	$\leqslant 100$	钢直尺
擦伤总面积（mm²）	$\leqslant 300$	钢直尺
划伤、擦伤总处数	$\leqslant 4$	目测观察

（3）幕墙面板接缝应横平竖直，大小均匀，目视无明显弯曲扭斜，胶缝外应无胶渍。

8 石材幕墙的安装工艺

石材幕墙系指面板材料是天然建筑石材的建筑幕墙。石材幕墙不同于传统的外墙饰面，而是采用干挂工艺，是一种独立的围护结构体系。它是利用金属挂件将石材饰面直接悬挂在立体结构上。

石材幕墙干挂法的构造基本分为以下几大类，即直接干挂式、骨架干挂式、单元体干挂式和预制复合板干挂式，前三类多用于混凝土结构基体，后者多用于钢结构工程。

（1）直接干挂式石材幕墙构造：直接干挂法是将被安装的石材饰面板通过金属挂件直接安装固定在主体结构外墙上，如图8-1所示。

（2）骨架式干挂石材幕墙构造：骨架式干挂石材幕墙主要用于主体为框架结构，是通过金属骨架与主体结构梁、柱（或圈梁）连接，再通过干挂件将石板饰面悬挂，其构造如图8-2所示。金属骨架应能承受石材幕墙自重及风载、地震力和温度应力，并能防腐蚀，多采用铝合金骨架。

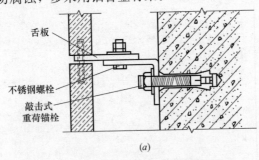

舌板

不锈钢螺栓

敲击式
重荷锚栓

(a)

图8-1 直接干挂式石材幕墙构造（一）

(a) 二次直接法

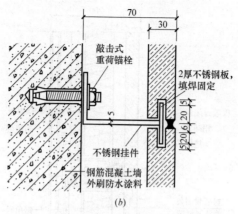

图 8-1 直接干挂式石材幕墙构造（二）

(b) 直接做法

（3）单元体直接式干挂石材幕墙构造：单元体法是利用特殊强化的组合框架，将石材饰面板、铝合金窗、保温层等全部在工厂中组装在框架上，然后将整片墙面运送至工地安装。

（4）预制复合板干挂石材幕墙构造：预制复合板，是干法作业的发展，是以石材薄板为饰面板，钢筋细石混凝土为衬模，用

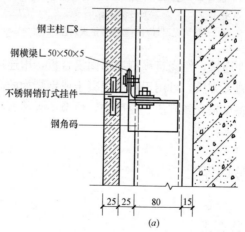

图 8-2 骨架式干挂石材幕墙构造（一）

(a) 不设保温层

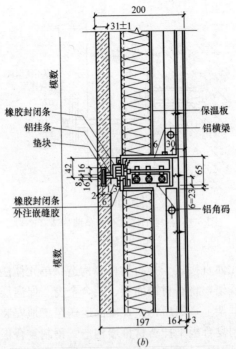

图 8-2 骨架式干挂石材幕墙构造（二）

(b) 设保温层

注：保温材料用镀锌薄钢板封包。

不锈钢连接件连接，经浇筑预制成饰面复合板，用连接件与结构连成一体的施工方法。可用于钢筋混凝土或钢结构的高层和超高层建筑。其特点是安装方便、速度快，可节约天然石材，但对连接件的质量要求较高。

8.1 一般规定

8.1.1 安装要求

（1）石材幕墙所选用的材料应符合国家现行产品标准的规

定，同时应有出厂合格证、质保书及必要的检验报告。

（2）石材幕墙材料应选用耐气候性的材料。金属材料和零配件除不锈钢外，钢材应进行表面热镀锌处理，铝合金应进行表面阳极氧化处理。

（3）石材幕墙用不锈钢连接板、挂件等非标准件应符合设计要求，标准件应符合现行国家标准的规定。

（4）施工前应按设计要求，检查石材幕墙安装部位的墙体及梁、柱尺寸情况，若梁、柱尺寸与设计要求不符合时，应及时向土建单位反映，由其及时予以纠正。

（5）石材幕墙用耐候密封胶应为对石材无污染的密封胶。密封胶应在保质期内使用，并有合格证、出厂年限、批号。

（6）金属、石材幕墙与主体结构连接的预埋件，应在主体结构施工时按设计要求埋设。预埋件应牢固，位置准确，预埋件的位置误差应按设计要求进行复查。

（7）短槽、通槽连接的石材面板，槽口内应采取可调整、定位的措施；槽内灌注环氧胶粘剂时，其性能应符合现行行业标准《干挂石材幕墙用环氧胶粘剂》JC 887 的要求。

（8）短槽、通槽连接的石材面板，宜采用只连接一块石板的型挂件，单元式幕墙也可采用 T 形挂件。

（9）现场的型材、石材板块、附件等宜在室内分类存放。

（10）施工机具在使用前，应进行严格检查。电动工具应进行绝缘电压试验；手持吸盘及吸盘机应进行吸附重量和吸附持续时间试验。

（11）当高层建筑的石材幕墙安装与主体结构施工交叉作业时，在主体结构的施工层下方应设置防护网；在距离地面约 3m 高度处，应设置挑出宽度不小于 6m 的水平防护网。

（12）采用吊篮施工时，应符合下列要求：

1）吊篮应进行设计，使用前应进行安全检查。

2）吊篮不应作为竖向运输工具，并不得超载。

3）不应在空中进行吊篮检修。

4）吊篮上的施工人员必须配系安全带。

8.1.2 隐蔽工程验收项目及部位

（1）预埋件或后置埋件。

（2）幕墙构件与主体结构的连接、构件连接节点。

（3）幕墙四周的封堵、幕墙与主体结构间的封堵。

（4）幕墙变形缝及转角构造节点。

（5）明框隔热断桥处玻璃托块设置。

（6）幕墙防雷连接构造节点。

（7）幕墙的防水、保温隔热构造。

（8）幕墙防火构造节点。

8.2 测量放线与埋件处理

8.2.1 测量放线

石材幕墙的测量放线参见上述 2.1 中相关内容，此外还应满足以下要求：

（1）放标准线：在每一层将室内标高线移至外墙施工面，并进行检查；在石材挂板放线前，应首先对建筑物外形尺寸进行偏差测量，根据测量结果，确定出干挂板的基准面。

（2）分格线放完后，应检查预埋件的位置是否与设计相符，否则应进行调整或预埋件补救处理。

（3）石材幕墙包梁时，应根据标高水平基准线设置横向主梁水平基准钢线。石材幕墙包柱时，应根据轴线基准线设置立柱垂直基准钢线。墙体上的石材幕墙应根据标高水平基准线和立柱分格垂直线设置标高水平基准钢线和立柱垂直基准钢线。

（4）如果石材幕墙金属框的分格与面板的分格不一致时，其面板的分格线应在金属框安装后重新测量放线，其偏差应及时调整，不得累积。应定期对石材幕墙的安装定位基准进行校核。

8.2.2 预埋件安装、检查及纠偏

石材幕墙预埋件安装、检查及纠偏参见上述 2.2 中相关内容。

1. 预埋件安装

（1）按照土建进度，从下向上逐层安装预埋件。

（2）按照幕墙的设计分格尺寸用经纬仪或其他测量仪器进行分格定位。

（3）检查定位无误后，按图纸要求埋设铁件。

（4）安装埋件时要采取措施防止浇筑混凝土时埋件位移，控制好埋件表面的水平或垂直，严禁歪、斜、倾等。

（5）检查预埋件是否牢固、位置是否准确。预埋件的位置误差应按设计要求进行复查。

2. 检查预埋件

根据复测放线和变更设计后的石材幕墙施工设计图纸逐个找出预埋件，清除埋件表面的覆盖物和埋件内的填充物，并检查预埋件与主体结构结合是否牢固、位置是否正确。

3. 预埋件纠偏

如预埋件偏差过大，应对预埋件进行纠偏处理。预埋件偏差超过 300mm 或由于其他原因无法现场处理时，应经建筑设计单位、业主、监理等有关方面共同协商，提出技术处理方案，经签证后按方案施工。

8.2.3 连接件安装

将连接件预就位时，应将连接件的水平方向和垂直方向的中心十字交叉线对准上一工序在预埋铁件位置弹出的十字交叉线，如原预埋铁件有偏斜时，应将连接件在水平垂直方向用垫铁垫平，并将垫铁焊接牢固。

整个面的连接件预就位后，拉水平线，吊垂线检查，连接件的水平、垂直方向的位置正确无误后进行焊接加固（四边围焊）。

焊接加固连接件后，除去焊渣，检查焊缝质量，符合设计和

规范规定后，对焊缝进行防腐处理。

8.3 立柱、横梁安装

8.3.1 立柱安装

（1）石材幕墙主框架为钢结构，立柱采用热镀锌槽钢，转接件与预埋件一般采用焊接，槽钢立柱与转接件用不锈钢螺栓连接。立柱安装一般由下而上进行，带芯套的一端朝上，第一根立柱按悬垂构件先固定上端，调正后，固定下端；第二根立柱将下端对准第一根立柱上端的套上，并保留 15mm 的伸缩缝，再安装立柱上端，依次往上安装。

（2）立柱安装后，应拉钢丝线检查各同层立柱吊点是否在同一标高上，用钢尺拉通尺检查或用模尺检查相邻立柱的间距是否正确，用经纬仪或吊锤检查立柱的前后左右垂直度。待基本安装完成后在下道工序前再进行全面调整。

（3）挂件安装前必须全面检查骨架位置是否准确、焊接是否牢固，并检查焊缝质量。

（4）立柱安装的施工方法参见上述 7.3.1 中相关内容。

8.3.2 横梁安装

横梁应通过角码、螺钉或螺栓与立柱连接，角码应能承受横梁的剪力。横梁与立柱之间应有一定的相对位移能力。

横梁安装的施工方法参见上述 7.3.2 中相关内容。

8.4 主要附件安装

8.4.1 防腐处理

（1）槽钢主龙骨、预埋件及各类镀锌角钢焊接破坏镀锌层后均满涂两遍防锈漆（含补刷部分）进行防锈处理并控制第一道第二道的间隔时间不小于12h。

（2）涂刷防腐涂料前，界面上的灰尘、杂物、焊渣应清理干净，防腐涂料的涂刷应均匀、密实，不应有漏涂点。

（3）严格控制不得漏刷防锈漆，特别控制为焊接而预留的缓刷部位在焊后涂刷不得少于两遍。

（4）其他防腐处理要求参见上述7.4.1中相关内容。

8.4.2 保温、隔潮层安装

保温防潮板表面应包设连接钢丝网。网格材料的材质及分格尺寸应符合设计要求；保温防潮板应绑扎或勾接在连接件上；保温防潮板板块间接缝、板块与构件间接缝应严密，安装应平整；保温隔潮材料应与主体结构外表面有50mm以上的空气层。

保温、隔热材料铺装参见上述2.3中相关内容。

8.4.3 层间防火（防水）

按设计要求安装防火层。防火材料铺装参见上述2.3中相关内容。对每个防火节点应进行隐蔽工程验收，并做好记录。

开敞式石材幕墙在安装面板前应按设计要求做好防水层，并做好隐蔽工程验收记录。

8.4.4 防雷装置安装

按设计要求安装防雷装置，防雷装置应通过转接件与主体结构的防雷系统可靠连接。防雷装置安装要求、安装措施、接地电阻测试参见上述2.4中相关内容。

8.5 金属挂件、石材面板安装及调整

8.5.1 金属挂件安装

1. 钢销式挂件连接

钢销式连接安装的石材幕墙高度不宜大于20m，单块石板面

积不宜大于 1.0m²，如图 8-3 所示。

　　用直径不小于 4mm 的螺栓将销钉挂件临时固定在横梁上，螺栓应有防松脱措施，挂件间距不宜大于 600mm。边长不大于 1.0m 时每边应设两个钢销，边长大于 1.0m 时应采用复合连接。连接板截面尺寸不宜小于 40mm×40mm。横梁上的挂件孔宜在横梁安装前加工。

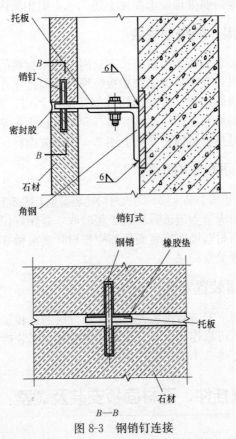

图 8-3　钢销钉连接

挂板要点：

　　（1）先按幕墙面基准线安装底层石材。

　　（2）金属挂件应紧托上层饰面板，而与下层饰面板之间留有间隙。间隙尺寸应符合设计要求。调正后，紧固挂件螺母。

（3）销钉与石孔及托板与石板间均应采用环氧树脂型石材专用结构胶粘结。

（4）顺次安装下一层石材。

（5）安装到每一楼层标高时，应及时调整垂直误差，不应积累。

2. 短槽式挂件连接安装

安装挂件。用直径不小于 4mm 的螺栓将短槽挂件临时固定在横梁上，螺栓应有防松脱措施，挂件间距不宜大于 600mm。横梁上的挂件孔宜在横梁安装前加工。

短槽支承石板的不锈钢挂钩的厚度不应小于 3.0mm。铝合金挂钩的厚度不应小于 4.0mm。

挂板要点：

（1）先按幕墙面基准线安装底层石材。

（2）金属挂件应紧托上层饰面板，而与下层饰面板之间留有间隙。间隙尺寸应符合设计要求。调正后，紧固挂件螺母。

（3）挂件与石槽及挂件与石板间均应采用环氧树脂型石材专用结构胶粘结。

（4）顺次安装下一层石材。

（5）安装到每一楼层标高时，应及时调整垂直误差，不应积累。

3. 通槽式挂件连接安装

安装挂件。用直径不小于 4mm 的螺栓将通槽挂件临时固定在横梁上，螺栓应有防松脱措施。横梁上的挂件孔宜在横梁安装前加工。

通槽支承石板的不锈钢挂钩的厚度不应小于 3.0mm。铝合金挂钩的厚度不应小于 4.0mm。

挂板要点：

（1）先按幕墙面基准线安装底层石材。

（2）金属挂件应紧托上层饰面板，而与下层饰面板之间留有间隙。间隙尺寸应符合设计要求。调正后，紧固挂件螺母。

（3）挂件与石槽及挂件与石板间均应采用环氧树脂型石材专用结构胶粘结。

（4）顺次安装下一层石材。

（5）安装到每一楼层标高时，应及时调整垂直误差，不应积累。

图 8-4　背栓

4. 背栓式挂件连接安装

背栓及铝合金挂件，如图 8-4、图 8-5 所示。背栓连接可选择单切面背栓或双切面背栓构造形式，如图 8-6 所示。

图 8-5　铝合金挂件

安装复合挂件。复合挂件的构造及与横梁的连接方式均应符合设计要求，且应连接牢固。

石材背面开孔：石材开孔一般用专用设备在石材背面钻孔、扩孔，孔直径、深度、位置、数量应符合设计要求，孔中心线到板边的最小距离为 50mm，然后安装锚栓。锚栓种类不同，相应的安装方法也有不同。常用的柱锥型锚栓安装，如图 8-7、图 8-8 所示。

清洁：用水冲洗石槽及板边、板面，清除杂质和石屑。

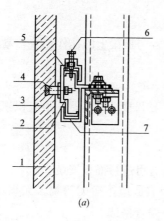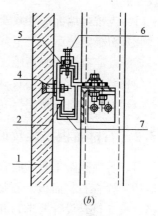

图 8-6 背栓支承构造

（a）单切面背栓；（b）双切面背栓

1—石材面板；2—铝合金挂件；3—注胶；4—背栓；
5—限位块；6—调节螺栓；7—铝合金托板

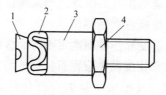

图 8-7 柱锥型锚栓

1—锥形螺杆；2—扩压环；3—间隔套管；4—螺母

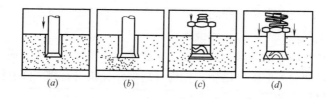

图 8-8 柱锥型锚栓安装示意

（a）钻孔；（b）底部扩孔；（c）放入锚栓；（d）压下扩压环

挂板要点：

（1）先按幕墙面基准线安装底层石材。

（2）石板定位后，将板背面锚栓与横梁上的挂件连接，紧固螺母，螺栓应有防松脱措施。

（3）顺次安装下一层石材。

（4）安装到每一楼层标高时，要调整垂直误差，不应积累。

8.5.2 石材面板安装及调整

（1）各项隐蔽工程验收合格后方可进行面板安装。

（2）检查石材面板。石材面板表面应干净无污物、无损坏，规格、尺寸符合设计要求，并有检验合格证。

（3）安装石材板块之前应先进行定位划线，确定结构石材板块在幕墙平面上的水平、垂直位置。应在框格平面外设控制点，拉控制线控制安装的平面度和各板块的位置。

为使结构石材板块按规定位置就位安装，对个别超偏差较小的孔、榫、槽，可适当扩孔、改榫。当发现位置偏差过大时，应对杆件系统进行调整或者重新制作。

（4）根据工程进度和作业面确定石材面板的安装顺序。

（5）石材板块安装按设计位置石材尺寸编号安装，板块接线缝宽度、水平、垂直及板块平整度应符合规定要求。板块经自检、互相和专检合格后，方可安装。

为了避免色差过大。石材面板加工图编号一般从左下角或右下角开始，自下而上进行编号，加工次序都按加工图加工。

当安装时发现相邻的两块石材面板色差较大，应及时向监理和业主反映，并采取更换措施。

（6）面板应与横梁或立柱可靠连接。连接件与面板、横梁或立柱之间应采取限位措施；托板（挂件）挂钩与石材之间宜设置弹性垫片，如图 8-9 所示。

（7）石板的转角宜采用不锈钢支撑件或铝合金型材专用件组装；当采用不锈钢支撑件组装时，不锈钢支撑件的厚度不应小于

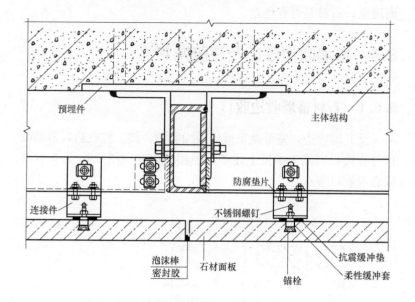

图 8-9　背栓干挂石材幕墙节点

3mm；当采用铝合金型材专用件组装时，铝合金型材壁厚不应小于 4.5mm，连接部位的壁厚不应小于 5mm。

（8）石材面板调整时，用水平钢线、垂直钢线和角尺在三维空间调整石材面板，要求四周接缝均匀，上下、左右石材面板处在一个平面内，角尺上下、左右推移时，没有明显阻碍。调整结束后注石材专用胶。

（9）板块固定：石材板块调整完成后马上要进行固定，注意安放每层金属挂件的标高，金属挂件应紧托上层饰面板，挂件与石材间应垫有 1.5～2mm 胶垫，而与下层饰面板之间留有间隙。在饰面板的销钉孔或切槽口内注入专用石材硅酮胶，以保证饰面板与挂件的可靠连接。

（10）每次石材安装时，从安装过程到安装完后，全过程进行质量控制，验收也是穿插于全过程中，验收的内容有：板块自身是否有问题；胶缝大小是否符合设计要求；石材板块是否有错面现象；石材是否有色差。

8.6　幕墙收边收口及注胶密封

8.6.1　石材幕墙收边收口

女儿墙收边，室外地面或楼顶面收边，梁、柱收边，幕墙收口等收边收口施工参见上述 2.5 中相关内容。图 8-10 为石材幕墙底部收口节点。

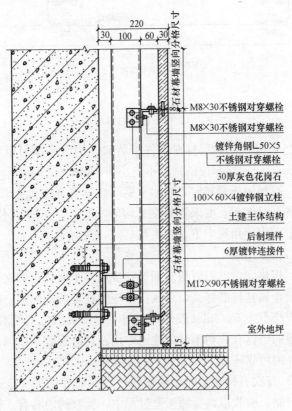

图 8-10　石材幕墙底部收口节点

8.6.2 注胶密封

填缝密封工序可在板块组件安装完毕或完成一定单元，并检验合格后进行。

1. 安装泡沫棒、粘贴美纹纸

（1）石材安装验收完准备注胶，注胶前开始安装泡沫棒。施工时应对相应区域进行清洁。保证缝内无水、油渍、铁锈、砂浆、灰尘等。

（2）缝内的清洁，非油性污染物，通常采用异丙醇50%与水50%的混合溶剂，油性污染物，通常采用二甲苯溶剂来清洁。

（3）清洗用"两块抹布洗"，将胶缝在安装泡沫棒前半小时内清洁干净。

（4）泡沫棒填缝位置，深浅应一致。一般深4mm左右，宽大与胶缝2mm左右。泡沫棒不能太紧，太紧会影响胶缝的外观质量。也不能太松，太松会损失大量胶。

（5）泡沫棒不能受潮，应干燥，杆上无针孔。

（6）为保护石材不被污染，应在可能导致污染的部位粘贴上美纹纸。美纹纸应粘贴在石材的倒棱内侧，横平、竖直。

2. 注胶

（1）石材注胶应饱满、平整，平直、光滑,、密实、无缝隙。胶缝应不得有裂纹、气泡、麻点现象。接口处厚度和颜色应一致。

（2）石材密封胶的施工宽度，厚度应符合设计要求，注胶后用专用的凹形刮刀将胶缝表面最好一次性刮成凹形，不宜采用多次来回涂刮。撕去石材边棱两侧的美纹纸后，胶缝必须保持美观的外观质量。再去掉多余的密封胶。废弃美纹纸条、密封胶块、胶桶，应装到配备的袋子里。不须随便乱扔。

（3）石材密封胶在缝内应形成相对两面粘结，而不能三面粘结。

（4）石材密封胶固化期间不能摸碰，以免影响胶缝外观质量。

（5）石材密封胶修整完后，对幕墙外观质量，特别是胶缝，石材质量层层进行验收，并做好记录。

8.7 质量标准

1. 组件组装质量要求

（1）石材面板挂装系统安装偏差应符合表 8-1 的规定。

石材面板挂装系统安装允许偏差（mm）　表 8-1

项目	通槽长勾	通槽短勾	短槽	背卡	背栓	检测方法
托板(转接件)标高	±1.0			—		卡尺
托板(转接件)前后高低差	≤1.0			—		卡尺
相邻两托板(转接件)高低差	≤1.0					卡尺
托板(转接件)中心线偏差	≤2.0					卡尺
勾锚入石材槽深度偏差	+1.0 0					深度尺
短勾中心线与 托板中心线偏差	—	≤2.0				卡尺
短勾中心线与 短槽中心线偏差	—	≤2.0				卡尺
挂勾与挂槽搭接深度偏差		+1.0 0				卡尺
插件与插槽搭接深度偏差		+1.0 0				卡尺
挂勾(插槽)中心线偏差		—			≤2.0	钢直尺
挂勾(插槽)标高		—			±1.0	卡尺
背栓挂(插)件中心 线与孔中心线偏差					≤1.0	卡尺
背卡中心线与背 卡槽中心线偏差		—		≤1.0		卡尺
左右两背卡中心线偏差		—		≤3.0		卡尺
通长勾距板两端偏差	±1.0		—			卡尺

152

项目		通槽长勾	通槽短勾	短槽	背卡	背栓	检测方法
同一行石材上端水平偏差	相邻两板块			≤1.0			水平尺
	长度≤35m			≤2.0			
	长度＞35m			≤3.0			
同一列石材边部垂直偏差	相邻两板块			≤1.0			卡尺
	长度≤35m			≤2.0			
	长度＞35m			≤3.0			
石材外表面平整度	相邻两板块高低差			≤1.0			卡尺
相邻两石材缝宽（与设计值比）				±1.0			卡尺

注：摘自现行国家标准《建筑幕墙》GB/T 21086—2007。

（2）幕墙竖向构件和横向构件的组装允许偏差应符合表 3-1 的要求。

（3）幕墙组装就位后允许偏差应符合表 3-3 的要求。

（4）石材面板安装到位后，横向构件不应发生明显的扭转变形，板块的支撑件或连接托板端头纵向位移应不大于 2mm。

（5）相邻转角板块的连接不应采用粘结方式。

2. 外观质量

（1）每平方米亚光面和镜面板材的正面质量应符合表 8-2 要求。

细面和镜面板材正面质量的要求　　　　　　表 8-2

项目	规 定 内 容
划伤	宽度不超过 0.3mm（宽度小于 0.1mm 不计），长度小于 100mm，不多于 2 条
擦伤	面积总和不超过 500mm²（面积小于 100mm² 不计）

注：1. 石材花纹出现损坏的为划伤。
　　2. 石材花纹出现模糊现象的为擦伤。
　　3. 摘自现行国家标准《建筑幕墙》GB/T 21086—2007。

（2）幕墙面板接缝应横平竖直，大小均匀，目视无明显弯曲扭斜，胶缝外应无胶渍。

9 幕墙安装安全生产

幕墙的安装施工除应符合现行行业标准《建筑施工高处作业安全技术规范》JGJ 80、《建筑机械使用安全技术规程》JGJ 33和《施工现场临时用电安全技术规范》JGJ 46 的有关规定外，尚应遵守施工组织设计中确定的各项要求。

现场临时用电应符合国家现行标准《施工现场临时用电安全技术规范》JGJ 46；电焊机的一次侧电源线长度应小于 5m、二次侧电源线长度应小于 30m，手持电动工具的不带电金属外壳及金属保护管应做接零保护。

9.1 高空作业安全

（1）在高层建筑幕墙安装与上部结构施工交叉作业时，结构施工层下方须架设挑 3m 左右的硬防护，搭设挑出 6m 水平安全网，如果架设竖向安全平网有困难，可采取其他有效方法，保证安全施工。幕墙施工单位为了确保施工安全，搭设可移动钢防护平台；悬臂底部施工搭设三层安全平网。

（2）上班前必须认真检查机械设备、用具、绳子、坐板、安全带有无损坏，确保机械性能良好及各种用具无异常现象方能上岗操作。

（3）操作绳、安全绳必须分开生根并扎紧系死，靠沿口处要加垫软物，防止因磨损而断绳，绳子下端一定要接触地面，放绳人同时也要系临时安全绳。

（4）施工员上岗前要穿好工作服，戴好安全帽，上岗时要先系安全带，再系保险锁（安全绳上），尔后再系好卸扣（操作绳上），同时坐板扣子要扣紧、固死。

154

（5）下绳时，施工负责人和楼上监护人员要给予指挥和帮助。

（6）操作时辅助用具要扎紧扎牢，以防坠伤人，同时严禁嬉笑打闹和携带其他无关物品。

（7）楼上、地面监护人员要坚守在施工现场，切实履行职责，随时观察操作绳、安全绳的松紧及绞绳、串绳等现象，发现问题及时报告，及时排除。

（8）楼上监护人员不得随意在楼顶边沿上来回走动。需要时，必须先系好自身安全绳，尔后再进行辅助工作。地面监护人员不得在施工现场看书看报，更不得随意观赏其他场景。并要随时制止行人进入危险地段及拉绳、甩绳现象发生。

（9）操作绳、安全绳需移位、上下时，监护人员及辅助工人要一同协调安置好，不用时需把绳子打好捆紧。

（10）施工员要落地时，要先察看一下地面、墙壁的设施，操作绳、安全绳的定位及行人流量的多少情况，待地面监护人员处理、调整，同意后方可缓慢下降，直至地面。

（11）高空作业人员和现场监护人员必须服从施工负责人的统一指挥和统一管理。

（12）高空操作人员应符合超高层施工体质要求，开工前检查身体。

（13）高空作业人员应佩带工具袋，工具应放在工具袋中不得放在钢梁或易失落的地方，所有手工工具（如手锤、扳手、撬棍），应穿上绳子套在安全带或手腕上，防止失落伤及他人。

（14）高空作业人员严禁带病作业，施工现场禁止酒后作业，高温天气做好防暑降温工作。

（15）吊装时应架设风速仪，风力超过 6 级或雷雨时应禁止吊装，夜间吊装必须保证足够的照明，构件不得悬空过夜。吊装前起重指挥要仔细检查吊具是否符合规格要求，是否有损伤，所有起重指挥及操作人员必须持证上岗。

9.2　吊装安全

吊装机械应具备生产厂家制造许可证、产品合格证、检测检验报告、设计计算书、使用说明书；吊装机械安装和拆除必须由取得建设行政主管部门颁发的资质证书的单位进行。起重机械应符合现行行业标准《建筑机械使用安全技术规程》JGJ 33 的有关规定。吊装作业应符合现行行业标准《建筑施工起重吊装工程安全技术规范》JGJ 276 的有关规定，并应符合下列要求：

（1）吊装前必须对吊装机械的吊具、索具、滑车、吊钩防脱钩保险装置的安全性能进行测试和试吊检验。

（2）吊点应符合设计要求，一般不应少于 2 个。

（3）起吊时，应使各吊点均匀受力，并控制吊具升降和平移运行速度，保持吊装物平稳，防止吊装物摆动或者撞击，采取措施保证装饰面不受磨损和挤压。

（4）单元板块吊装应选择技术参数满足要求的吊装机具。

9.3　脚手架安全

（1）采用外脚手架施工时，脚手架应进行设计，架体应与主体结构可靠连接。

采用外脚手架进行建筑幕墙的安装施工时，脚手架应经过设计和必要的计算，在适当部位与主体结构应可靠连接，并经验收合格后方可使用。在安装施工中不得随意拆除脚手架设施，以保证其足够的承载力、刚度和稳定性，也不得在脚手架上堆放物料和超载，避免造成安全事故。

施工中有时需要拆除脚手架与主体结构的部分连接，应采取措施防止脚手架坍塌。

（2）幕墙安装与主体结构施工交叉作业时，在主体结构的施工层下方应设置防护措施。

幕墙的安装施工，经常与主体结构施工、设备安装或室内装修交叉进行，为保证幕墙施工安全，应在主体结构施工层下方（即幕墙施工层的上方）设置可靠的安全措施进行保护。

（3）采用扣件式钢管脚手架应符合现行行业标准《建筑施工扣件式钢管脚手架安全技术规范》JGJ 130 的有关规定；采用碗扣式钢管脚手架应符合现行行业标准《建筑施工碗扣式钢管脚手架安全技术规范》JGJ 166 的有关规定；采用门式钢管脚手架应符合现行行业标准《建筑施工门式钢管脚手架安全技术规范》JGJ 128 的有关规定。

（4）脚手架上不得超载，应及时清理杂物，应有防坠落措施，栏杆上不应挂放工具。如需部分拆除脚手架与主体结构的连接时，应采取措施防止失稳。

9.4　高处作业吊篮

高处作业吊篮应具备防坠落、防碰撞、防倾覆安全装置，符合现行行业标准《高处作业吊篮安装、拆卸、使用技术规程》JB/T 11699《建筑施工高处作业安全技术规范》JGJ 80—2016 的有关规定，并应符合下列要求：

（1）施工吊篮应进行设计，使用前应进行严格的安全检查，符合要求方可使用。

（2）安装吊篮的场地应平整，并能承受吊篮自重和各种施工荷载的组合设计值。

（3）吊篮不得作为垂直运输工具。

（4）每次使用前应进行空载运转并检查安全锁是否有效。进行安全锁试验时，吊篮离地面高度不得超过 1.0m。

（5）不应在空中进行吊篮检修。

（6）施工吊篮上的施工工人必须戴安全帽、配系安全带，安全带必须系在与主体结构有效连接的保险绳上。

（7）安全绳应固定在独立可靠的结构上，安全带挂在安全绳的自锁器上，不得挂在吊篮上。

（8）风力超过 5 级时，不应进行吊篮施工。

（9）吊篮暂停使用时，应落地停放。

（10）施工人员应经过培训，熟练操作施工吊篮。

（11）吊篮上不得放置电焊机，也不得将吊篮和钢丝绳作为焊接地线，收工后，吊篮应降至地面，并切断吊篮电源。

（12）收工后，吊篮及吊篮钢丝绳应固定牢靠，并做好电器防雨、防潮和防尘措施。长期停用，应对钢丝绳采取有效的防锈措施。

（13）上吊篮人员在操作前必须做到下列几点：

1）检查电源线连接点，观察指示灯。

2）按启动按钮，检查平台是否处于水平。

3）检查限位开关。

4）检查提升器与平台的连接处。

5）检查安全绳与安全锁连接是否可靠，动作是否正常。

（14）电动升降吊篮必须实施二级漏电保护。

（15）不应在脚手架或吊篮上进行石材面板的开孔、开槽作业；不得在建筑窗台、挑台上放置施工工具。

参 考 文 献

[1] 第五版编委会. 建筑施工手册. 第 5 版. 北京：中国建筑工业出版社，2011.

[2] 第四版编写组. 建筑施工手册. 第 4 版. 北京：中国建筑工业出版社，2003.

[3] 中国建筑工程总公司. 建筑装饰装修工程施工工艺标准. 第 1 版. 北京：中国建筑工业出版社，2003.

[4] 周海涛. 装饰工实用便查手册. 北京：中国电力出版社，2010.

[5] 杨嗣信主编. 高层建筑施工手册（第二版）. 北京：中国建筑工业出版社，2001.

[6] 陈建东主编. 金属与石材幕墙工程技术规范应用手册. 北京：中国建筑工业出版社，2001.

[7] 陈世霖主编. 当代建筑装修构造施工手册. 北京：中国建筑工业出版社，1999.

[8] 雍本等编写. 建筑工程设计施工详细图集"装饰工程（3）". 北京：中国建筑工业出版社，2001.